高等职业技术教育“十三五”规划教材

电工电子技术实训教程

主　编　盛奋华
主　审　胡连梅

西南交通大学出版社
·成　都·

内容简介

本书是为高职高专电类及非电类相关专业编写的电工电子技术实训教程。本书以电工电子技术理论知识为依托，开发相应的电子产品，每个项目的实训内容即为具体电子产品的安装与调试，突出电路知识的综合应用。此外，书中还附有常用仪器仪表的使用方法，常用电子元器件的识别技巧、部分集成电路引脚排列等内容。

本书适合作为高职高专院校通信技术、应用电子技术、机电一体化技术、电气自动化等专业相关课程的教材，可作为于应用型本科院校、技能竞赛培训以及社会相关专业从业人员参考之用。

图书在版编目（CIP）数据

电工电子技术实训教程／盛奋华主编．—成都：
西南交通大学出版社，2018.1
高等职业技术教育“十三五”规划教材
ISBN 978-7-5643-6008-5

Ⅰ．①电… Ⅱ．①盛… Ⅲ．①电工技术－高等职业教育－教材②电子技术－高等职业教育－教材 Ⅳ．①TM
②TN

中国版本图书馆 CIP 数据核字（2018）第 003210 号

高等职业教育“十三五”规划教材

电工电子技术实训教程

主编　盛奋华

责任编辑　李芳芳
特邀编辑　李　娟
封面设计　何东琳设计工作室

印张　7.5　　字数　188千
成品尺寸　185 mm × 260 mm
版次　2018年1月第1版
印次　2018年1月第1次
印刷　成都蓉军广告印务有限责任公司
书号　ISBN 978-7-5643-6008-5

出版发行　西南交通大学出版社
网址　http://www.xnjdcbs.com
地址　四川省成都市二环路北一段111号
西南交通大学创新大厦21楼
邮政编码　610031
发行部电话　028-87600564　028-87600533
定价　19.80元

前　言

“电工电子技术”课程是高职高专电类及非电类的专业基础课程。《电工电子技术实训教程》是为配合此课程编写的实训教材。本书的设计原则是：全面提高学生的实践能力和职业技能。

本书是作者在多年实训教学和科研工作的基础上，参阅了大量的电工电子技术实训教材后编写而成。在实训教学内容和方法上突出能力培养，每个项目的实训内容即为具体电子产品的安装与调试，突出电路知识的综合应用。本书融知识性、实用性、趣味性于一体，力求贯彻素质教育，全面提高学生的实践能力，培养创新意识和创新能力。

全书共 9 个项目，主要内容包括：简易指示灯的安装与调试，电桥电路的安装与调试，串联谐振电路的安装与调试，可调直流稳压电源的安装与调试，助听器的安装与调试，集成功率放大器的安装与调试，三人表决器的安装与调试，计数显示电路的安装与调试，简易电子琴的安装与调试。通过具体产品的组装与调试，把电工电子技术的相关知识点联系起来。从具体的电子产品入手，熟悉电路原理，选择相应的元器件，认识和判别元件，完成产品的组装、调试和故障排除。除此之外，书中还介绍了常用试验仪器的使用方法，元器件的判别，常用集成模块的引脚说明等。

本书适用学时为 24 ~ 40 学时，其参考学时分配为：简易指示灯的安装与调试 2 ~ 3 学时，电桥电路的安装与调试 2 ~ 3 学时，串联谐振电路的安装与调试 2 ~ 4 学时，可调直流稳压电源的安装与调试 4 ~ 6 学时，助听器的安装与调试 2 ~ 4 学时，集成功率放大器的安装与调试 2 ~ 4 学时，三人表决器的安装与调试 2 ~ 4 学时，计数显示电路的安装与调试 4 ~ 6 学时，简易电子琴的安装与调试 4 ~ 6 学时。

本书适合作为高职高专院校通信技术、应用电子技术、机电一体化技术、电气自动化等专业相关课程的教材，也可作为应用型本科院校、技能竞赛培训以及社会相关专业从业人员参考之用。

本书由苏州信息职业技术学院盛奋华主编，胡连梅主审。在本书的编写过程中，参考了大量的教材、文献和网络资料，在此也向这些作者深表感谢。

限于编者水平，加上时间仓促，书中难免存在不足之处，恳请广大读者批评指正。

作　者

2017 年 12 月

目　录

常用实验仪器的介绍

一、指针式、数字式万用表

“万用表”是万用电表的简称，它是电子制作中一个必不可少的工具。利用万用表可以测量电流、电压、电阻，还可以测量晶体管的放大倍数、频率等。万用表有很多种，主要分为指针式万用表和数字式万用表，它们各有优点。常用的万用表如图 1 所示。

（a）指针式万用表

（b）数字式万用表

图 1　常用万用表外形

（一）指针式万用表的使用

指针式万用表面板由表头、机械调零螺钉、转换开关和红黑表笔插孔组成，如图 2 所示。万用表的表头是灵敏电流计。

表头：表头上的表盘印有多种符号、刻度线和数值（如图 3 所示）。符号 A—V—Ω 表示这只电表是可以测量电流、电压和电阻的多用表。表盘上印有多条刻度线，其中右端标有“Ω”的是电阻刻度线，其右端为零，左端为∞，刻度值分布是不均匀的。符号“－”或“DC”表示直流，“～”或“AC”表示交流，“～”表示交流和直流共用的刻度线。刻度线下的几行数字是与选择开关不同档位相对应的刻度值。表头上还设有机械零位调整旋钮，用以校正指针在左端指零位。

转换开关：万用表的选择开关是一个多档位的旋转开关，用来选择测量项目和量程。一般的万用表测量项目包括：“mA”：直流电流，“V”：直流电压，“$\tilde{V}$”：交流电压，“Ω”：电阻，等等。交流表笔和表笔插孔：表笔分为红、黑两只。使用时应将红色表笔插入标有

“+”号的插孔，黑色表笔插入标有“-”号的插孔。

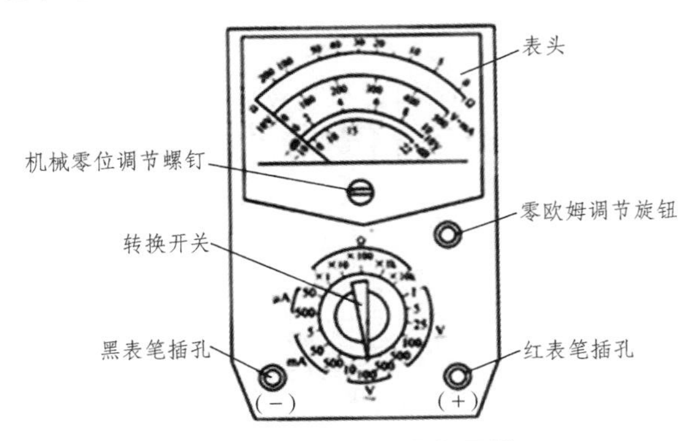

图 2　指针式万用表面板

图 3　指针式万用表表头

1. 使用前的准备工作

（1）接线柱选择。测量前检查表笔插接位置，红表笔一般插在标有“+”的插孔内，黑表笔插在标有“-”的公共插孔内。

（2）测量种类选择。根据所测对象的种类（交直流电压、直流电流、电阻），将转换开关旋至相应位置上。

（3）量程的选择。根据测量的大致范围，将量程转换开关旋转至适当的量程上，若被测电路数值大小不明，应将转换开关旋转至最大量程上，然后测量，若读数太小，可逐步减小量程，但绝对不允许带电转换量程。切不可使用电流档和欧姆档测量电压，否则会损坏万用表。

（4）正确读数。万用表的表盘上有 4 条标尺。上面第一条为欧姆（电阻）档读数尺，第二条为交直流电压、直流电流标尺，第三条为交流 10 V 专用标尺，第四条为电平标尺，一般读数应在表针偏转满刻度的 1/2～2/3 为宜。

（5）万用表用完后应将转换开关置于空档或交流档 500 V 位置上。若长期不用，应将表内电池取出。

（6）万用表的机械调零是供测量电压、电流时调零用。旋转万用表的机械调零螺钉，使指针对准刻度盘左端的“0”位置。万用表在测量前，应注意在水平放置时，表头指针处于交直流档标尺的零刻度线上，否则读数会有较大的误差。若不在零位，应通过机械调零的方法（即使用小螺丝刀调整表头下方机械调零螺钉）使指针回到零位。

2. 使用万用表的注意事项

（1）测量电流与电压的档位不能旋错。如果误用电阻档或电流档去测量电压，则极易烧坏万用表。

（2）测量直流电压和直流电流时，注意“+”“–”极性，不要接错，如发现万用表指针反转，则应立即调换表笔，以免损坏指针和表头。

（3）如果不知道被测电压或电流的大小，应先用最高档，而后再选用合适的档位来测量，以免表针偏转过度而损坏表头。所选用的档位越靠近被测值，测量的数值就越准确。

（4）测量电阻时，不要用手触及元件两端，以免人体电阻与被测电阻并联，使测量结果不准确。

（5）测量电阻时，如将两支表笔短接，调零旋钮至最大，指针仍然达不到零点，这种现象通常是由于表内电池电压不足造成的，应更换新电池方能准确测量。

3. 测量使用

（1）测量电阻：先将表笔搭在一起短路，使指针向右偏转，随即调整“Ω”调零旋钮，使指针恰好指到0。然后将两根表笔分别接触被测电阻（或电路）两端，读出指针在欧姆刻度线（第一条线）上的读数，再乘以该档标的数字，就是所测电阻的阻值。例如用R×100档测量电阻，指针指在80，则所测得的电阻值为80×100=8 k。由于“Ω”刻度线左部读数较密，难以看准，所以测量时应选择适当的欧姆档，使指针在刻度线的中部或右部，这样读数比较清楚准确。每次换档，都应重新将两支表笔短接，重新调整指针到零位，才能测准。

（2）测量直流电压：首先估计一下被测电压的大小，然后将转换开关拨至适当的V量程，将正表笔接被测电压“+”端，负表笔接被测量电压“–”端。然后根据该档量程数字与标直流符号“DC”刻度线（第二条线）上的指针所指数字，读出被测电压的大小。如用V30伏档测量，可以直接读出0～300 V的指示数值。要得到正确测量值只需将刻度线上300这个数字去掉一个“0”，看成是30，再依次将200、100等数字看成是20、10，即可直接读出指针指示数值。例如，用V6伏档测量直流电压，指针指在15，则所测得的电压为1.5 V。

（3）测量直流电流：先估计一下被测电流的大小，然后将转换开关拨至合适的mA量程，再把万用表串接在电路中，同时观察标有直流符号“DC”的刻度线。如电流量程选在3 mA档，这时，应把表面刻度线上300的数字，去掉两个“0”，看成3，并依次把 200、100 看成是 2、1，这样就可以读出被测电流数值。例如用直流 3 mA 档测量直流电流，指针在 100，则电流为 1 mA。

（4）测量交流电压：测交流电压的方法与测量直流电压相似，所不同的是因交流电没有正负之分，所以测量交流时，表笔也就不需分正负。读数方法与上述的测量直流电压的读法一样，只是数字应看标有交流符号“AC”的刻度线上的指针位置。

（5）测量二极管：将两表笔分别接在二极管的两个电极上，读出测量的阻值；然后将表笔对换再测量一次，记下第二次阻值。若两次阻值相差很大，说明该二极管性能良好。根据测量电阻小的那次表笔接法，可判断出与黑表笔连接的是二极管的正极，与红色笔连接的是二极管的负极，因为万用表内电源的正极与万用表的“－”插孔连通，内电源的负极与万用表的“＋”插孔连通。

如果两次测量的阻值都很小，则说明二极管已经击穿；如果两次测量的阻值都很大，说明二极管内部断路，两次测量的阻值相差不大，则说明二极管性能欠佳。这些情况下，二极管都不宜使用。

（6）测量三极管：

① 基极的判别：选择万用表的欧姆档“×10 K”位置，将红表笔固定在三极管的任一极上，黑表笔分别测量其余的两个极，当测得阻值小时（几十欧至十几千欧）为 PNP 型；当测得阻值大时（几百千欧以上）为 NPN 型。则红表笔接的是三极管的基极。

② 集电极与发射极的判别：PNP 型管，基极与红表笔之间用手捏，阻值小的一次红表笔对应的是 PNP 管的集电极，黑表笔对应的是发射极；NPN 型管，基极与黑表笔之间用手捏，阻值小的一次黑表笔对应的是 NPN 管的集电极，红表笔对应的是发射极。

（二）数字式万用表的使用

现在，数字式测量仪表已成为主流，有取代模拟式仪表的趋势。与模拟式仪表相比，数字式仪表灵敏度高，准确度高，显示清晰，过载能力强，便于携带，使用方法更简单。下面简单介绍其使用方法和注意事项。

1. 使用方法

（1）使用前，应认真阅读有关的使用说明书，熟悉电源开关、量程开关、插孔、特殊插口的作用。

（2）将电源开关置于 ON 位置。

（3）交直流电压的测量：根据需要将量程开关拨至 DCV（直流）或 ACV（交流）的合适量程，红表笔插入 V/Ω 孔，黑表笔插入 COM 孔，并将表笔与被测线路并联，读数即显示。

（4）交直流电流的测量：将量程开关拨至 DCA（直流）或 ACA（交流）的合

适量程，红表笔插入 mA 孔（< 200 mA 时）或 10 A 孔（> 200 mA 时），黑表笔插入 COM 孔，并将万用表串联在被测电路中即可。测量直流量时，数字万用表能自动显示极性。

（5）电阻的测量：将量程开关拨至 Ω 的合适量程，红表笔插入 V/Ω 孔，黑表笔插入 COM 孔。如果被测电阻值超出所选择量程的最大值，万用表将显示“1”，这时应选择更高的量程。测量电阻时，红表笔为正极，黑表笔为负极，这与指针式万用表正好相反。因此，测量晶体管、电解电容器等有极性的元器件时，必须注意表笔的极性。

（6）二极管的测量：数字万用表可以用来测量发光二极管、整流二极管等。测量时，将旋钮旋到“hFE”档。用红表笔接二极管的正极，黑表笔接负极，这时会显示二极管的正向压降。调换表笔时，显示屏显示“1”则为正常，否则表明二极管已经被击穿。

（7）三极管的测量：将数字万用表拨至二极管档，红表笔固定任接某个引脚，用黑表笔依次接触另外两个引脚，如果两次显示值均小于 1 V 或都显示溢出符号“1”，则红表笔所接的引脚就是基极 B。如果在两次测试中，一次显示值小于 1 V，另一次显示溢出符号“1”，表明红表笔接的引脚不是基极 B，此时应改换其他引脚重新测量，直到找出基极 B 为止。

按上述操作确认基极 B 之后，将红表笔接基极 B，用黑表笔先后接触其他两个引脚。如果都显示 0.500 ~ 0.800 V，则被测管属于 NPN 型；若两次都显示溢出符号“1”，则表明被测管属于 PNP 型。

鉴别区分三极管的集电极 C 与发射极 E，需使用数字万用表的“hFE”档。如果假设被测管是 NPN 型，则将数字万用表拨至“hFE”档，使用 NPN 插孔。把基极 B 插入 B 孔，剩下两个引脚分别插入 C 孔和 E 孔中。若测出的 hFE 为几十至几百，说明管子属于正常接法，放大能力较强，此时 C 孔插的是集电极 C，E 孔插的是发射极 E。若测出的 hFE 值只有几至十几，则表明被测管的集电极 C 与发射极 E 插反了，这时 C 孔插的是发射极 E，E 孔插的是集电极 C。为了使测试结果更可靠，可将基极 B 固定插在 B 孔不变，把集电极 C 与发射极 E 调换复测 1 ~ 2 次，以仪表显示值大（几十至几百）的一次为准，C 孔插的引脚即是集电极 C，E 孔插的引脚则是发射极 E。

2. 使用注意事项

（1）如果无法预先估计被测电压或电流的大小，则应先拨至最高量程档测量一次，再视情况逐渐把量程减小到合适位置。测量完毕，应将量程开关拨到最高电压档，并关闭电源。

（2）满量程时，仪表仅在最高位显示数字“1”，其他位均消失，这时应选择更高的量程。

（3）测量电压时，应将数字万用表与被测电路并联。测电流时应与被测电路串联，测直流量时不必考虑正负极性。

（4）当误用交流电压档去测量直流电压，或者误用直流电压档去测量交流电压时，显示屏将显示“000”，或低位上的数字出现跳动。

（5）禁止在测量高电压（220 V 以上）或大电流（0.5 A 以上）时换量程，以防止产生电弧，烧毁开关触点。

（6）当显示“BATT”或“LOW BAT”时，表示电池电压低于工作电压。

二、M9803、M9803R　3 3/4 位台式数字多用表

（一）面板说明

1. 电压、电阻、二极管、频率输入端　VΩ⊣Hz

所有测量功能的正输入端（电流测量除外），使用红色测试线进行连接。

2. 公共端　COM

所有测量功能的负输入端（接地），使用黑色测试线进行连接。

3. 毫安输入端　mA

交、直流电流（400 mA 以下）测量功能的正输入端，使用红色测试线进行连接。

4. 安培输入端　A

交、直流电流（10 A 以下）测量功能的正输入端，使用红色测试线进行连接。

5. 功能/量程选择旋钮

旋钮开关用于选择测量功能和量程。

6. 功能/量程选择按键

按键开关用于操作测量功能和量程。

7. LCD 液晶显示器

LCD 液晶显示器用于显示测量操作功能、测量结果以及单位符号。

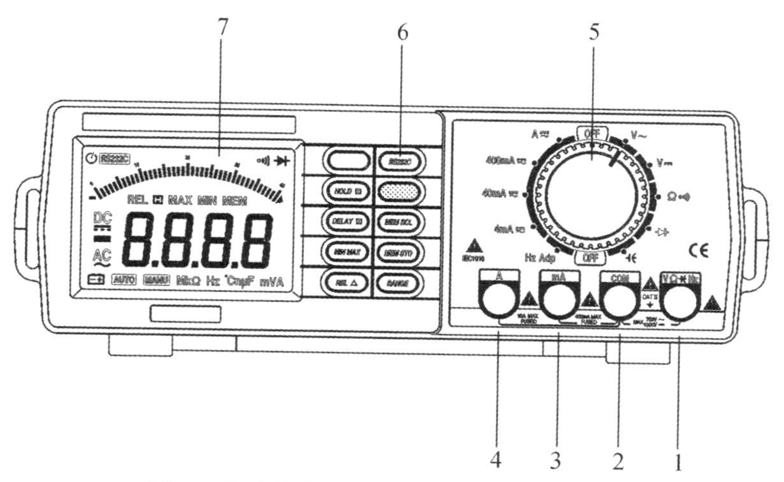

图 4　台式数字多用表面板示示意图（正面）

（二）测量操作说明

1. 直流电压的测量

① 将旋钮开关旋至直流电压测量档。

② 如图 5 所示连接测试线。

③ 在直流电压测量档除⬬按键失效外，所有其他按键均为有效。

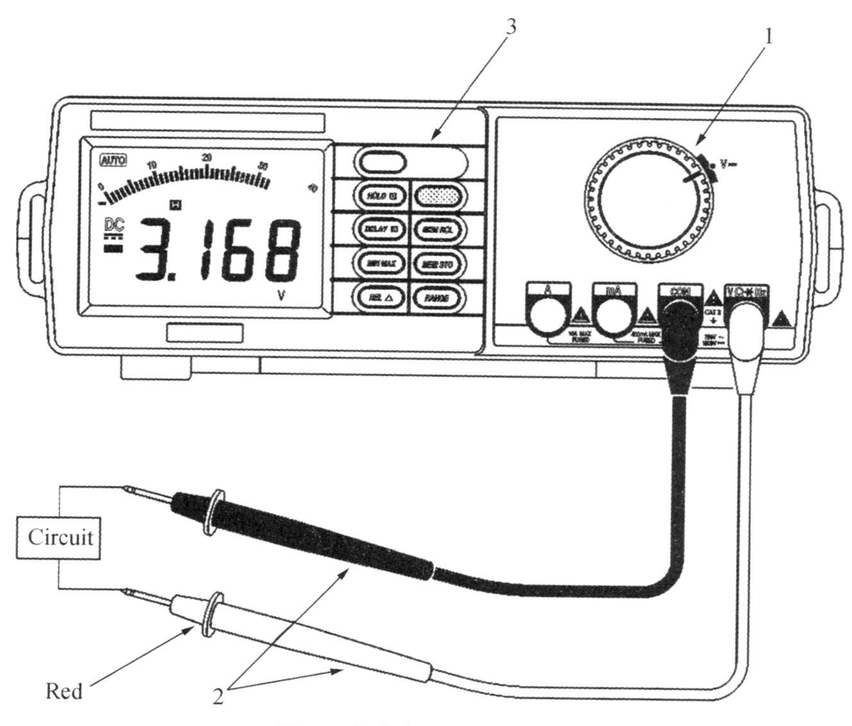

图 5　直流电压测量示意图

2. 交流电压的测量

① 将旋钮开关旋至交流电压测量档。

② 如图 6 所示连接测试线。

③ 在交流电压测量档除 按键失效外，所有其他按键均为有效。

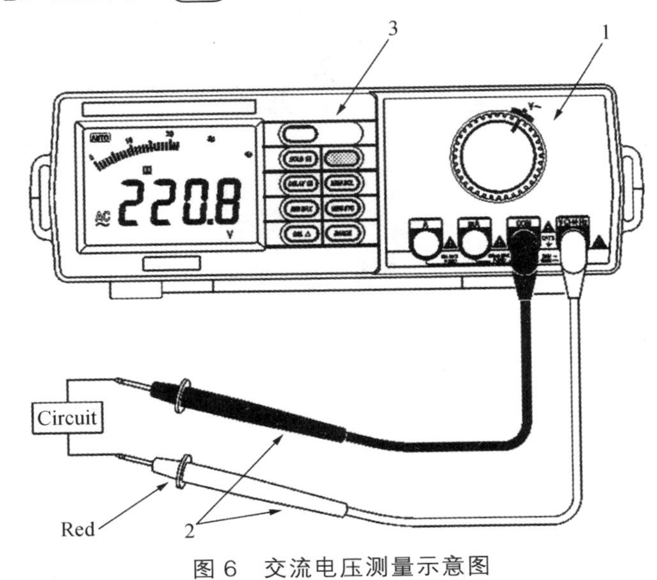

图 6　交流电压测量示意图

3. 交、直流电流 A 的测量

① 将旋钮开关旋至交、直流电流 A 测量档。

② 如图 7 示连接测试线。

③ 在交、直流电流 A 测量档除 RANGE 按键失效外，所有其他按键均为有效。通过按 按键实现交、直流电流 A 测量功能的切换。

4. 交、直流电流 mA 的测量

① 将旋钮开关旋至交、直流电流 mA 测量档。

② 如图 8 所示连接测试线。

③ 在交、直流电流 mA 测量档除 RANGE 按键失效外，所有其他按键均为有效。通过按 按键实现交、直流电流 mA 测量功能的切换。

5. 电容的测量

① 将旋钮开关旋至电容测量档。

② 如图 9 所示连接测试线。

③ 在电容测量档除 按键失效外，所有其他按键均为有效。

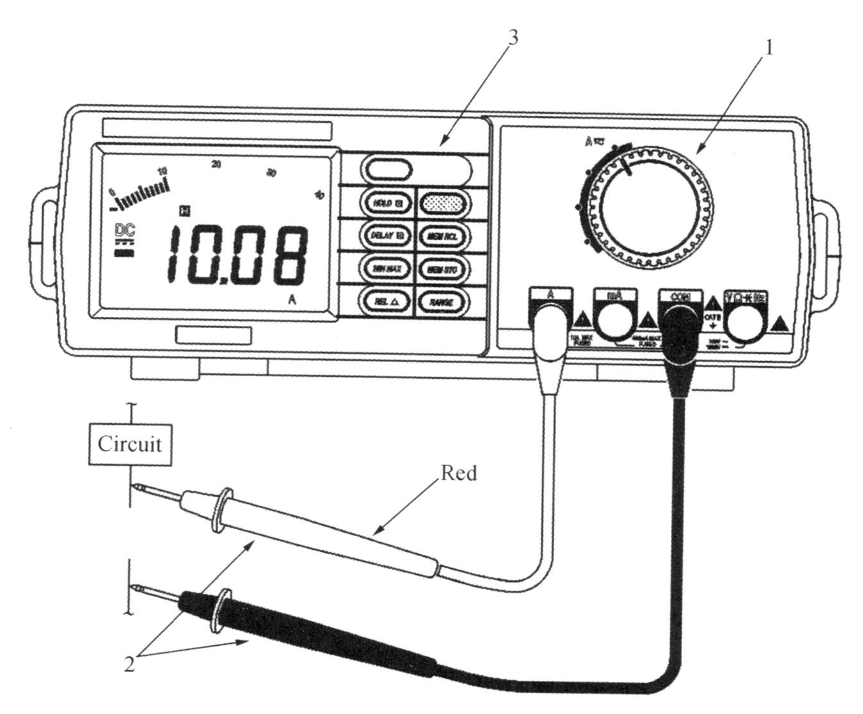

图 7　交、直流电流 A 测量示意图

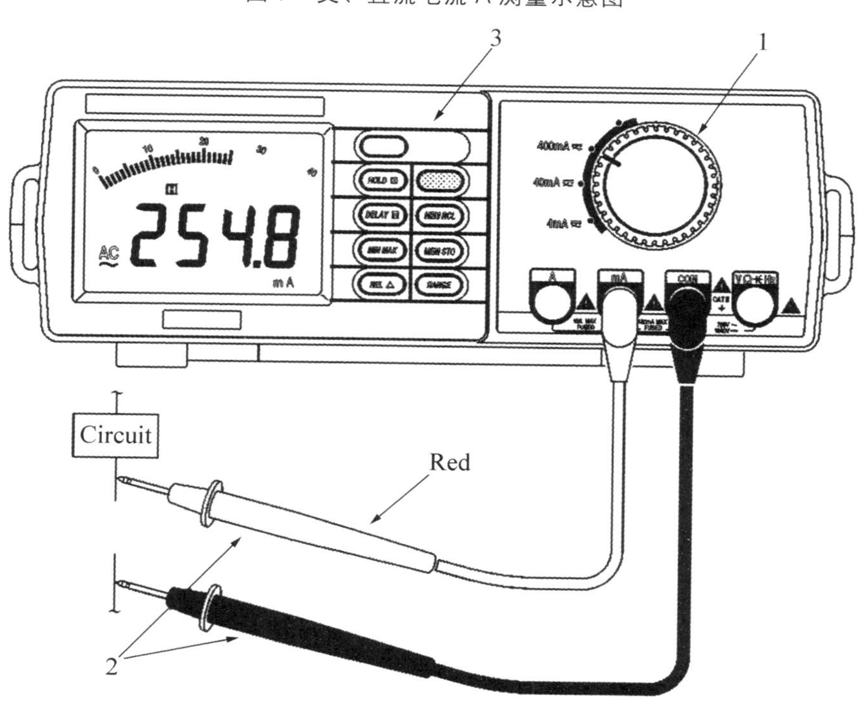

图 8　交、直流电流 mA 测量示意图

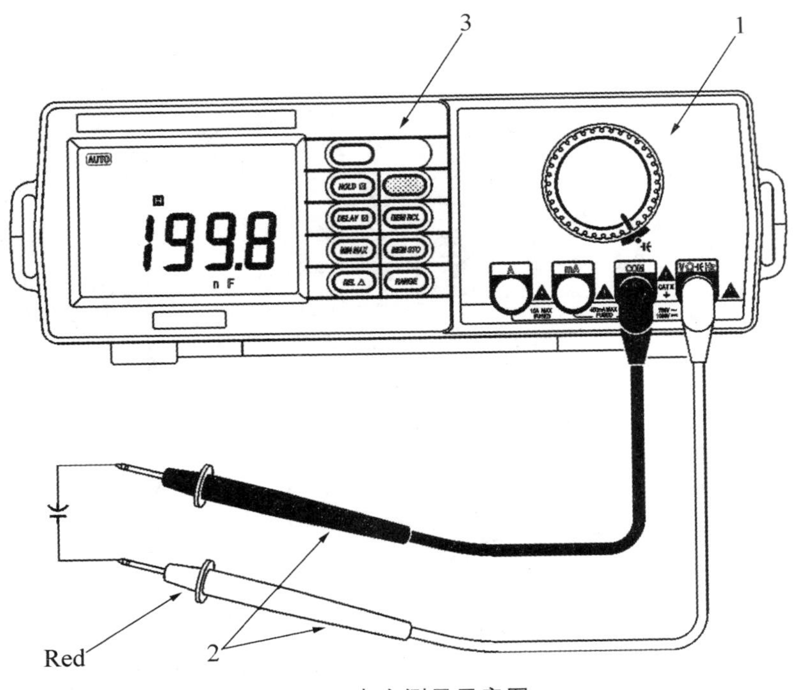

图 9　电容测量示意图

6. 二极管的测试

① 将旋钮开关旋至二极管测试档。

② 如图 10 所示连接测试线。

③ 在二极管测试档除 ⬬ 和 (RANGE) 按键失效外，所有其他按键均为有效。

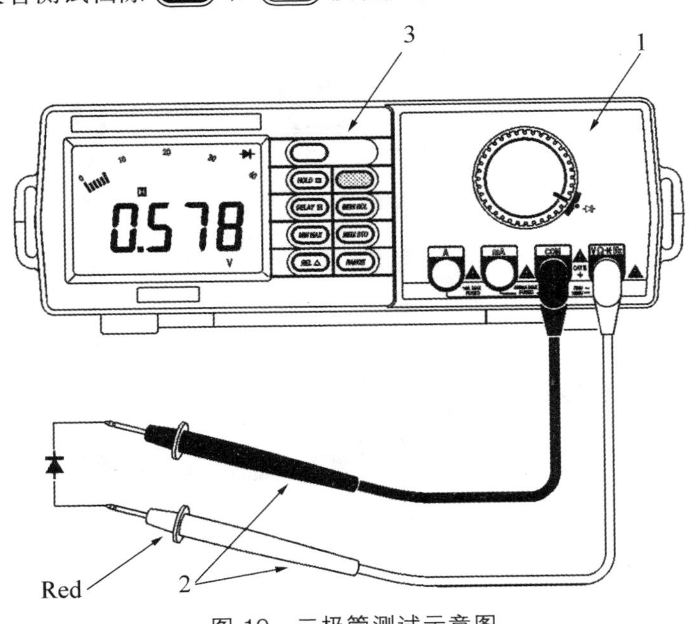

图 10　二极管测试示意图

7. 电阻的测量及电路通断的测试

① 将旋钮开关旋至电阻测量及电路通断测试档。

② 如图 11 所示连接测试线。

③ 除 (RANGE) 按键在电路通断测试时失效外，所有其他按键均为有效。

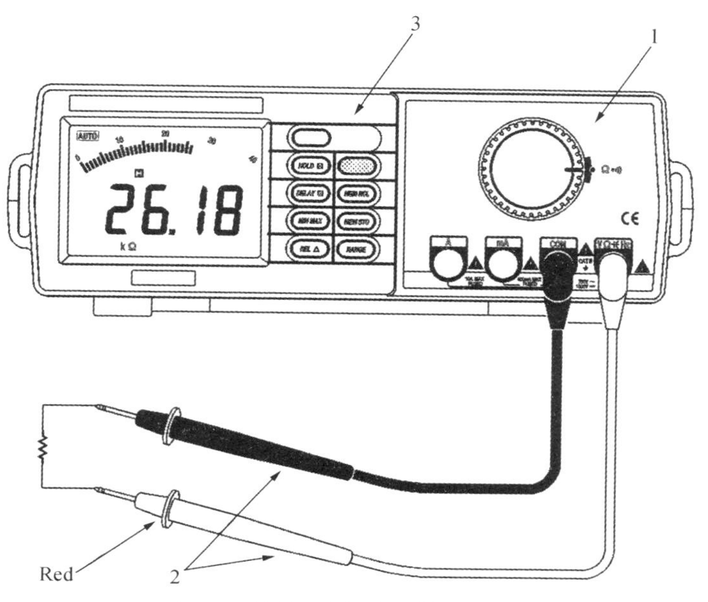

图 11　电阻测量及电路通断测试示意图

三、EE1641D 型函数信号发生器

EE1641D 前面板布局参见图 12。

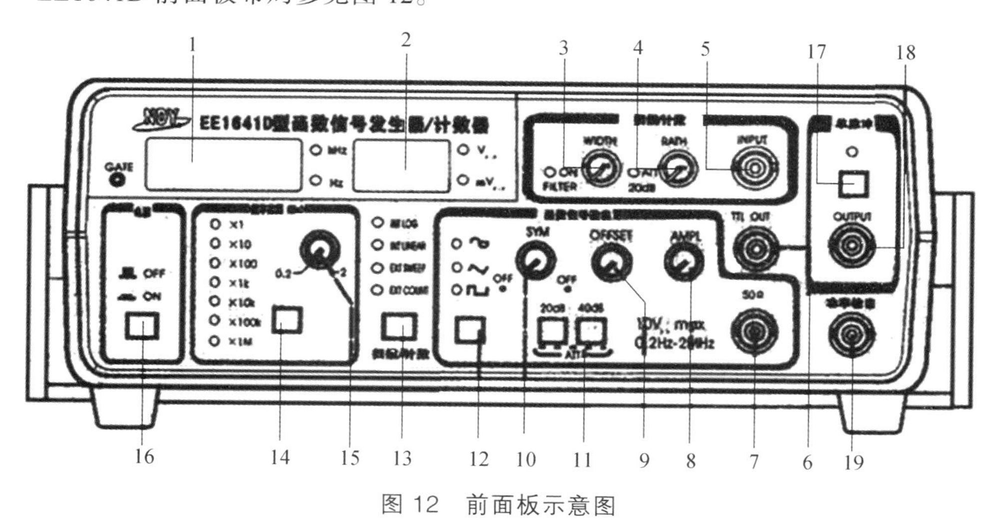

图 12　前面板示意图

（一）前面板说明

（1）频率显示窗口：显示输出信号的频率或外测频信号的频率。

（2）幅度显示窗口：显示函数输出信号的幅度。

（3）扫描宽度调节旋钮：调节此电位器可以改变内扫描的时间长短。在外测频时，逆时针旋到底（绿灯亮），表示外输入测量信号经过低通开关进入测量系统。

（4）速率调节旋钮：调节此电位器可调节扫频输出的扫频范围。在外测频时，逆时针旋到底（绿灯亮），表示外输入测量信号经过衰减“20 dB”进入测量系统。

（5）外部输入插座：当“扫描/计数”键（13）功能选择在外扫描状态或外测频状态时，外扫描控制信号或外测频信号由此输入。

（6）TTL 信号输出器：输出标准 TTL 幅度的脉冲信号，输出阻抗为 600 Ω。

（7）函数信号输出端：输出多种波形受控的函数信号，输出幅度 20 $V_{p\text{-}p}$（1 MΩ 负载），10 $V_{p\text{-}p}$（50 Ω 负载）。

（8）函数信号输出幅度调节旋钮：调节范围 20 dB。

（9）函数信号输出信号直流电平预置调节旋钮：调节范围为 $-5 \sim +5$ V（50 Ω 负载），当电位器处在中心位置时，为 0 电平。

（10）输出波形对称性调节旋钮：调节此旋钮可改变输出信号的对称性。当电位器处在中心位置时，输出对称信号。

（11）函数信号输出幅度衰减开关：“20 dB”“40 dB”键均不按下，输出信号不经衰减，直接输出到插座口。“20 dB”“40 dB”键分别按下，则可选择 20 dB 或 40 dB 衰减。

（12）函数输出波形选择按钮：可选择正弦波、三角波、脉冲波输出。

（13）“扫描/计数”按钮：可选择多种扫描方式和外测频方式。

（14）频率范围选择按钮：每按一次此按钮可改变输出频率的 1 个频段。

（15）频率微调旋钮：调节此旋钮可微调输出信号频率，调节基数范围从小于 0.2 到大于 0.2。

（16）整机电源开关：此按键按下时，机内电源接通，整机工作。此键释放则关掉整机电源。

（17）单脉冲按键： 控制单脉冲输出，每按动一次此按键，单脉冲输出（17）的输出电平翻转一次。

（18）单脉冲输出端：单脉冲输出由此端口输出。

（19）功率输出端：提供大于 4 W 的间频信号功率输出。此功能仅对 ×100，×1 k，×10 k 档有效。

（二）TTL 脉冲信号输出（6）

（1）除信号电平为标准 TTL 电平外，其重复频率、调控操作均与函数输出信号一致。

（2）以测试电缆（终端不加 50 Ω 匹配器）由输出插座（6）输出 TTL 脉冲信号。

（三）内扫描/扫频信号输出

（1）“扫描/计数”按钮（13）选定为“内扫描方式”。

（2）分别调节扫描宽度调节（3）和扫描速率调节器（4）获得所需的扫描信号输出。

（3）函数输出插座（7）、TTL 脉冲输出插座（6）均输出相应的内扫描的扫频信号。

（四）外扫描/扫频信号输出

（1）“扫描/计数”按钮（13）选定为“外扫描方式”。

（2）由外部输入插座（5）输入相应的控制信号，即可得到相应的受控扫描信号。

（五）外测调频功能检查

（1）“扫描/计数”按钮（13）选定为“外计数方式”。

（2）用本机提供的测试电缆，将函数信号引入外部输入插座（5），观察显示频率应与内测量时相同。

四、SS-7802 型示波器

（一）电子示波器基本原理

电子示波器的主要组成部分：阴极射线示波管，扫描、触发系统，放大系统，电源系统。具体介绍如下。

示波管：示波管是用于显示被测信号波形的器件，由电子枪、偏转板、荧光屏三个部分组成。荧光屏显示被测信号的波形；电子枪发射电子束，并通过一定的电场分布控制到达荧光屏上的电子数量以及电子束的形状和尺寸；偏转板上加电压时，其电场使电子束沿水平、垂直方向发生偏移。

电压放大系统：使电压较低的被测信号在荧光屏上获得明显的偏移，从而对被测信号进行电压放大。

扫描：在水平偏转板上加上一个电压与时间成正比的信号，使电子束在垂直方向运动的同时沿水平方向匀速移动，将垂直方向的运动在水平方向“展开”，此过程即为扫描过程。此时的 $u_x(t)$ 称为扫描电压。

同步：水平偏板上的线性锯齿波扫描电压 $u_x(t)$ 与垂直偏板上的被观察信号 $u_y(t)$ 周

期达到整数倍时，每次锯齿波的扫描起点准确地落在被观测信号的同相位点，扫描信号与被观测信号达到了同步，称为扫描同步。

（二）SS-7802 示波器的结构、功能与使用方法

1. 示波器的屏幕显示信息与读出方法

SS-7802 示波器是一种读出型示波器，不仅具有普通示波器的各种测量功能，还增加了数字测量与显示等功能。示波器测量时的工作状态、工作参数乃至被测量的读出值，均能通过各种字符显示在屏幕上，图 13、图 14 为屏幕显示的主要内容及其举例。

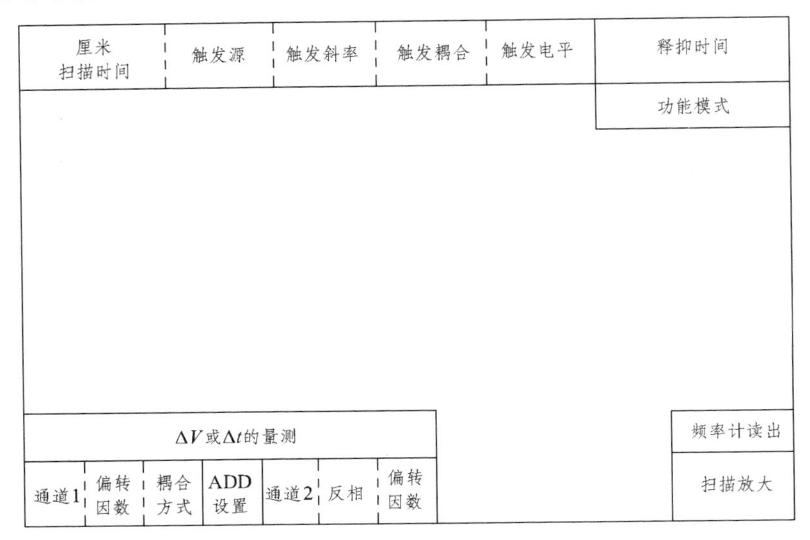

图 13　SS-7802 示波器屏幕显示的主要内容

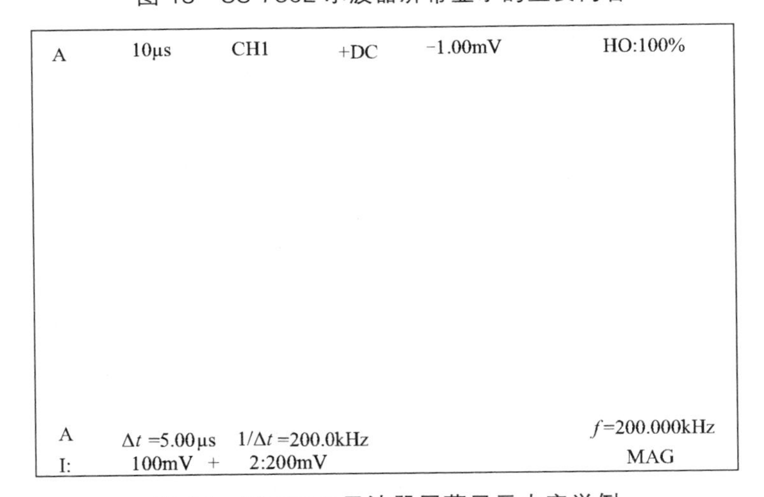

图 14　SS-7802 示波器屏幕显示内容举例

2. SS-7802 示波器的面板按键功能及使用方法

SS-7802 示波器的面板结构图如图 15 所示。

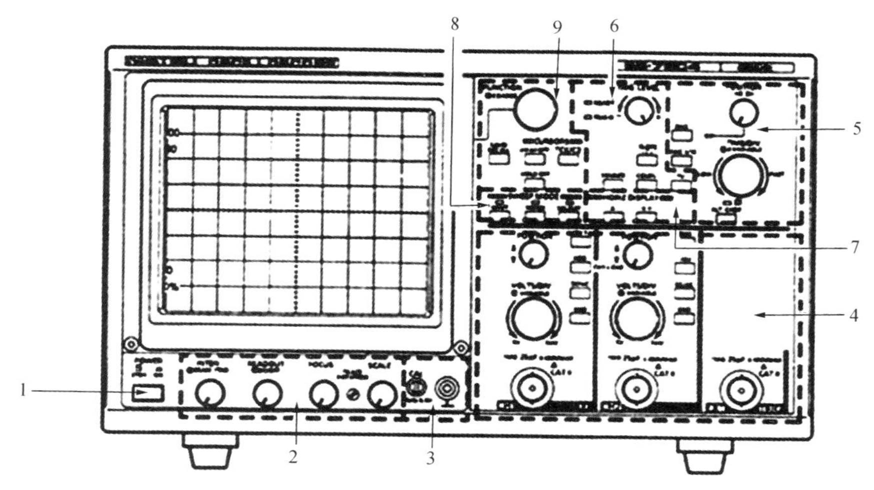

图 15　SS-7802 示波器面板结构

面板上各键钮的功能及操作方法见表 1。

表 1　SS-7802 示波器面板键按钮的功能及操作方法

按钮部位	英文名	中文名	操作方法	功　能
①	POWER	电源	按下	接通市电，再按断开
②屏幕调整部分	INTEN	辉度	旋转 按	顺时针旋转时增亮（适中为宜） 按住时，可做寻迹操作，松开时取消寻迹状态
	READOUT	读出	旋转 按	顺时针旋转时字符增亮（适中为宜） 每按一次，读出字符，在显示与不显示间切换
	FOCUS	聚焦	旋转	调整扫迹、字符的清晰度
	SCALE	标尺	旋转	调整屏幕上标尺网格辉度
	TRACE ROTATION	扫迹旋转	旋转	使扫迹水平
③	CAL	校正信号	连线	输出 1 kHz，0.6 V 的方波校正信号
	⊥	接地端	连线	用于接地测量
	CH1，CH2	输入端	连线	接 Y1/Y2 输入信号
	▲POSITION▼	垂直位移	旋转	调节扫迹的垂直位置
	CH1，CH2	通道	按	按 CH1，CH2，选择该通道示波，屏幕下方显示该通道数 1 或 2，再按取消该通道示波
	VOLT/DIV VARIABLE	偏转因数可调	旋转 按	每转一下响一声，其值在 5～2 mV/cm 之间，分 11 档，并在屏幕下方显示当时偏转因数值 按该按钮设置偏转因数可调，此时，在屏幕偏转因数值前显示校正符号“>”；再按该按钮，取消可调

续表

按钮部位	英文名	中文名	操作方法	功　能
④垂直部分	DC/AC	直耦、交耦	按	直接耦合时，在屏幕上偏转因数数值后显示V，交流耦合（经电容耦合）时显示 v，每按一次，在直耦、交耦间转换
	GND	接地	按	按，该通道输入接地，在屏幕偏转因数后显示“⊥”符号，再按，取消接地
	ADD	相加	按	按，设置相加，扫迹显示 Y1＋Y2 波形，在屏幕通道2前显示＋号，即＋2；再按，取消相加
	INC	反相	按	按，Y2波形反相，在通道2后显示↓号，若此时设置ADD，扫迹显示Y1-Y2波形；再按该键，取消反相。
⑤水平部分	◀POSITION FINE▶	水平位移 位移细调	旋转 按	调节扫描的水平位置 按该键，设置水平位置细调，此时，旋转水平位移钮，可做水平位移细调。再按，取消水平位移细调
	TIME/DIV	厘米 扫描时间	旋转 按	每转一下响一声，其值在500 ms/cm～200 ns/cm（分20档）之间递增或递减，并在屏幕左下方显示当时厘米扫描时间值 按该按钮设置厘米扫描时间可调，此时，屏幕显示为校正符号“>”，再按该键，取消厘米扫描时间可调
	MAG×10	扫描放大	按	按，波形向左右放大10倍，在屏幕右下方显示MAG，再按该键，取消扫描放大
	ALT CHOP	交替　切换	按	多通道显示时，按该键选择ALT（交替扫描，适宜高频多通道显示）或CHOP（以555 kHz切换显示，适宜低频多通道显示）
⑥触发部分	SOURCE	触发源	每按一次，改选触发源	选择触发信号，每按一次以CH1，CH2，LINE（市电频率），EXT（外触发），VERT（选小序号通道信号作触发源）顺序，循环改选，其字符显示在屏幕左上方“厘米/扫描时间”后
	SLOPE	触发斜率	按	选择出发沿，上升沿+，下降沿－；显示在屏幕左上方“触发源”后
	COUPL	触发耦合	按	每按一次，以AC，DC，HF-R（衰减高频噪声），LF-R（衰减低频噪声）顺序改变耦合方式，其字符显示在平模左上方的“触发斜率”后
	TRIG LEVEL	触发电平	旋转	调节，实现触发扫描同步，此时，触发指示灯（TRIGD）亮，波形稳定，其电平值及极性显示在屏幕左上方“触发耦合”后
	略：READY：单次触发指示灯　　TV：视频触发方式			

续表

按钮部位	英文名	中文名	操作方法	功　能
⑦水平显示	A	扫描显示	按	按该键，设置扫描显示方式，其字符显示在屏幕左上方
	X-Y	X-Y 显示	按	按该键，设置 X-Y 显示方式（X 轴：CH1 信号，Y 轴：其他信号），用来观测 X-Y 函数图形；按 A 键，返回扫描信号
⑧	AUTO	自动	按	若触发不成功，自激扫描，适宜 50 Hz 以上信号观测
⑨功能部分	△V-△t-OFF	电压-时间-关闭	按	选择测量对象：△V 为电压测量，△t 为时间测量，OFF 为不显示光标；两个光标间△V 或△t 值，显示在屏幕左下方
	TCK/C2	光标设置	按	按该键设置可移动光标，以光标 1、光标 2、跟踪（TCK）次序循环设置，被设置光标左或上端有可移动标记
	FUNCTION	功能调节	旋转 按	用它可将光标移至测量位置：每转一下，光标移动一步（=分度值×0.01），每按一次，光标跳跃 25 步，连按连跳
	HOLDOFF	释抑	按	按下该键选择释抑，旋转 FUNCTON 可调整释抑时间
扫描方式	NORM	常态	按	若无适当的触发信号时，不扫描；若触发源为 CH1 或 CH2 且其输入置 GND 时，将自激扫描，适宜各种频率信号观测
	略：SGL/RST（单次扫描）			

3. SS-7802 示波器的基本操作

开机前预置：将“辉度”“读出”“聚焦”“标尺”旋钮置中等程度，将“水平位移”“垂直位移”“触发电平”旋钮置中间位置。

调出清晰的扫迹、字符：开启电源，将扫描方式置为“自动”，水平显示置为“A”，30 s 后在屏幕中间位置显示扫迹，调节“辉度”来调整扫迹辉度适中，调节“读出”来调整字符辉度适中，通过反复调节“聚焦”“辉度”“读出”来调整扫迹、字符的清晰度。

调出稳定波形：在 CH1，CH2 输入端连接被观测信号，按下“CH1”或“CH2”选择显示通道，按下“触发源”选择触发信号，旋转“偏转因数”“厘米扫描时间”使波形幅度、宽度适中，旋转“触发电平”使触发同步。

读屏幕：示波测量时，在屏幕上显示了测量时的工作状态、工作参数乃至被测量的读出值。

读出示波测量：测电压、测时间间隔（或频率、相位差）、观察 X-Y 函数图形参见光标测量。

五、交流毫伏表

常用的单通道晶体管毫伏表，具有测量交流电压、电平测试、监视输出三大功能。交流测量范围是 100 mV ~ 300 V、5 Hz ~ 2 MHz，共分 1，3，10，30，100，300 mV 及 1，3，10，30，100，300 V 12 档。其面板包括表头、调零、档位选择开关、输入接口、输出接口、电源开关及电源指示灯，如图 16 所示。

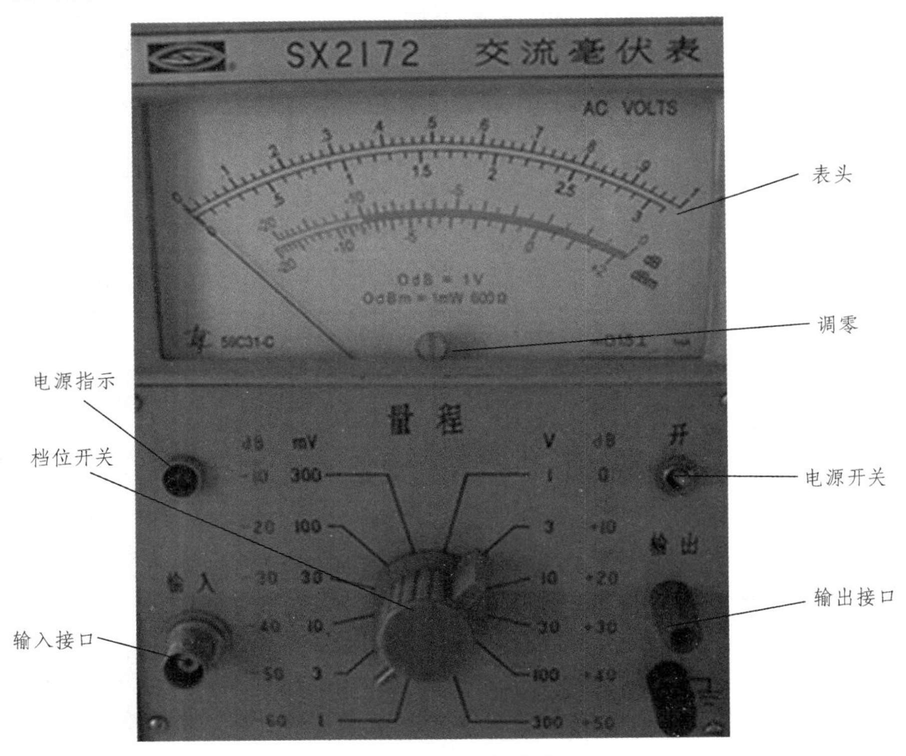

图 16　交流毫伏表

（一）开机前的准备工作

（1）将通道输入端测试探头上的红、黑色鳄鱼夹短接。

（2）将量程开关置于最高量程（300 V）。

（二）操作步骤

（1）接通 220 V 电源，按下电源开关，电源指示灯亮，仪器工作。为了保证仪器稳定性，需预热 10 s 后使用，开机后 10 s 内指针无规则摆动属正常。

（2）将输入测试探头上的红、黑鳄鱼夹断开后与被测电路并联（红鳄鱼夹接被测电路的正端，黑鳄鱼夹接地端），观察表头指针在刻度盘上所指的位置，若指针在起始点位置基本没动，说明被测电路中的电压甚小，且毫伏表量程选得过高，此时用递减法由高量程向低量程变换，直到表头指针指到满刻度的 2/3 左右即可。

（3）准确读数。表头刻度盘上共刻有四条刻度。第一条刻度和第二条刻度为测量交流电压有效值的专用刻度，第三条和第四条为测量分贝值的刻度。当量程开关分别选 1 mV，10 mV，100 mV，1 V，10 V，100 V 档时，就从第一条刻度读数；当量程开关分别选 3 mV，30 mV，300 mV，3 V，30 V，300 V 时，应从第二条刻度读数（逢 1 就从第一条刻度读数，逢 3 从第二条刻度读数）。例如：将量程开关置“1 V”档，就从第一条刻度读数。若指针指的数字是在第一条刻度的 0.7 处，其实际测量值为 0.7 V；若量程开关置“3 V”档，就从第二条刻度读数。若指针指在第二条刻度的“2”处，其实际测量值为 2 V。以上举例说明，当量程开关选在哪个档位，比如，1 V 档位，此时毫伏表可以测量外电路中电压的范围是 0 ~ 1 V，满刻度的最大值也就是 1 V。当用该仪表去测量外电路中的电平值时，就从第三、四条刻度读数，读数方法是，量程数加上指针指示值，等于实际测量值。

（三）注意事项

（1）仪器在通电之前，一定要将输入电缆的红黑鳄鱼夹相互短接。防止仪器在通电时因外界干扰信号通过输入电缆进入电路放大后，再进入表头将表针打弯。

（2）当不知被测电路中电压值大小时，必须首先将毫伏表的量程开关置最高量程，然后根据表针所指的范围，采用递减法合理选档。

（3）若要测量高电压，输入端黑色鳄鱼夹必须接在“地”端。

（4）测量前应短路调零。打开电源开关，将测试线（也称开路电缆）的红黑鳄鱼夹夹在一起，将量程旋钮旋到 1 mV 量程，指针应指在零位（有的毫伏表可通过面板上的调零电位器进行调零，凡面板无调零电位器的，内部设置的调零电位器已调好）。若指针不指在零位，应检查测试线是否断路或接触不良，如发生此类情况应更换测试线。

（5）交流毫伏表灵敏度较高，打开电源后，在较低量程时由于干扰信号（感应信号）的作用，指针会发生偏转，称为自起现象。所以在不测试信号时应将量程旋钮旋到较高量程档，以防打弯指针。

（6）交流毫伏表接入被测电路时，其地端（黑夹子）应始终接在电路的地上（成为公共接地），以防干扰。

（7）交流毫伏表表盘刻度分为 0 ~ 1 和 0 ~ 3 两种刻度，量程旋钮切换量程分为逢一量程（1 mV，10 mV，0.1 V…）和逢三量程（3 mV，30 mV，0.3 V…），凡逢一的量程直接在 0 ~ 1 刻度线上读取数据，凡逢三的量程直接在 0 ~ 3 刻度线上读取数据，单位为该量程的单位，无须换算。

（8）使用前应先检查量程旋钮与量程标记是否一致，若错位会产生读数错误。

（9）交流毫伏表只能用来测量正弦交流信号的有效值，若测量非正弦交流信号要经过换算。

（10）不可用万用表的交流电压档代替交流毫伏表测量交流电压（万用表内阻较低，用于测量 50 Hz 左右的工频电压）。

（四）问题总结

（1）如何读数（假设指针指向上圈 0.5 的位置，量程选在 10 V）？

利用测量换算公式：测量值 =（指针读数/满量程读数）× 选择的量程。指针读数为 0.5，满量程读数取 1.0（采用上圈刻度满量程读数取 1.0，采用下圈刻度满量程读数取 3.0），选择的量程为 10 V，代入公式得，测量信号有效值为 5 V。

（2）如何选择刻度？

刻度的选择取决于你所选的量程。选择的量程是 10 的倍数的（如 1 V，10 V，100 V 等），读数的时候看上圈的刻度；选择的量程是 3 的倍数的（如 3 V，30 V，300 V 等），读数的时候看下圈的刻度。这样做是为了在利用测量换算公式的时候能够计算方便，减小误差。

（3）如何测量信号的有效值？

若将量程打在 30 V 上，接入信号，观察指针位置，使指针位置基本在刻度盘的中间位置，否则减小量程再观察。根据指针读数换算测量值。

（4）如何利用交流毫伏表测量正弦波、方波、三角波有效值？

对正弦波而言，测量值就是其有效值，对于方波、三角波，利用交流毫伏表得到的测量值并不是其有效值，但是可以根据该值换算得到其有效值。有效值换算公式：有效值 = 测量值 × 0.9 × 波形系数，方波波形系数为 1，三角波波形系数为 1.15。

项目一　简易指示灯的安装与调试

一、项目描述

在我们的日常生活中，指示灯随处可见。停车场、广告牌、运动场（足球场、网球场等）、建筑外部照明、游乐园、机场、桥梁、隧道等地方都会使用到指示灯。本项目的任务是完成简易指示灯电路的安装和调试。要达到以下教学目标：

【知识目标】

1. 了解电路的组成，建立电路模型的概念。

2. 熟悉电路基本物理量和电路的三种工作状态。

3. 掌握电路元件的特性及参数。

【技能目标】

1. 学会独立查阅元器件的资料。

2. 能够计算电路中的物理量。

3. 能够识读电路图，并按照电路图进行电路接线。

4. 完成指示灯电路的安装与调试。

二、项目资讯

（一）色环电阻的识别

色环标示主要应用在圆柱型的电阻器上，如碳膜电阻、金属膜电阻、金属氧化膜电阻、保险丝电阻、绕线电阻等。

1. 识别顺序

色环电阻是应用于各种电子设备最多的电阻类型，实践中发现，有些色环电阻的排列顺序不甚分明，往往容易读错，在识别时，可运用如下技巧加以判断：

技巧1：先找标志误差的色环，从而排定色环顺序。最常用的表示电阻误差的颜色是：金、银、棕，尤其是金环和银环，一般绝少用作电阻色环的第一环，所以在电阻上只要有金环和银环，就可以基本认定这是色环电阻的最末一环。

技巧 2：棕色环是否是误差标志的判别。棕色环既常用做误差环，又常用作有效数字环，且常常在第一环和最末一环中同时出现，使人很难识别谁是第一环。在实践中，可以按照色环之间的间隔加以判别。比如对于一个五道色环的电阻而言，第五环和第四环之间的间隔比第一环和第二环之间的间隔要宽一些，据此可判定色环的排列顺序。

技巧 3：在仅靠色环间距还无法判定色环顺序的情况下，还可以利用电阻的生产序列值来加以判别。比如有一个电阻的色环读序是：棕、黑、黑、黄、棕，其值为：$100 \times 10\,000 = 1\ \text{M}\Omega$，误差为 1%，属于正常的电阻系列值，若是反顺序读：棕、黄、黑、黑、棕，其值为 $140 \times 1 = 140\ \Omega$，误差为 1%。显然，按照后一种排序所读出的电阻值，在电阻的生产系列中是没有的，故后一种色环顺序是不对的。

2. 识别方法

我们主要以常用的四环电阻和五环电阻为例说明电阻的识别方法。

1）四色环电阻

四个色环电阻的识别：第一、二环分别代表阻值的前两位数；第三环代表倍率；第四环代表误差。快速识别的关键在于根据第三环的颜色把阻值确定在某一数量级范围内，例如是几点几千还是几十几千的，再将前两环读出的数代进去，这样就可以很快读出数来。

例：棕 红 红 金

其阻值为 $12 \times 10^2 = 1.2\ \text{k}\Omega$，误差为 ± 5%。

误差表示电阻数值在标准值 1 200 上下波动（$5\% \times 1\,200$），且此范围内的电阻是可以接受的，即在 1140 ~ 1260 之间都是好的电阻。

2）五色环电阻

五个色环电阻的识别：第一、二、三环分别代表三位有效数的阻值；第四环代表倍率；第五环代表误差。如果第五条色环为黑色，一般用来表示为绕线电阻器；第五条色环如为白色，一般用来表示为保险丝电阻器。如果电阻体只有中间一条黑色的色环，则代表此电阻为零欧姆电阻。

例：红 红 黑 棕 金

其电阻为 $220 \times 10^1 = 2.2\ \text{k}\Omega$，误差为 ± 5%。

首先，从电阻的底端，找出代表公差精度的色环，金色的代表 5%，银色的代表 10%。上例中，最末端色环为金色，故误差率为 5%。再从电阻的另一端找出第一条、第二条色环，读取其相对应的数字。上例中，前三条色环为红红黑，故其对应数字为红 2、红 2、黑 0，其有效数是 220。再读取第四条倍数色环，棕 1。所以，我们得到的阻值是 $220 \times 10^1 = 2.2\ \text{k}\Omega$。即阻值在 $2090 \sim 2310\ \Omega$ 之间都是好的电阻。如果第四条倍数色环为金色，则将有效数乘以 0.1。如果第四条倍数色环为银色，则乘以 0.01。

其具体色环与数字的对照表如表 1-1 所示。

表 1-1 色环电阻颜色与对应数值对照表

颜色	对应数值	应乘位数	误差率	颜色	对应数值	应乘位数	误差率
黑	0	10^0		紫	7	10^7	0.1%
棕	1	10^1	1%	灰	8	10^8	
红	2	10^2	2%	白	9	10^9	
橙	3	10^3		黑	0		
黄	4	10^4		金		10^{-1}	5%
绿	5	10^5	0.5%	银		10^{-2}	10%
蓝	6	10^6	0.25%	本色			20%

3. 识别要点

（1）熟记第一、二环每种颜色所代表的数。可这样记忆：棕 1，红 2，橙 3，黄 4，绿 5，蓝 6，紫 7，灰 8，白 9，黑 0。

（2）从数量级来看，整体上可把它们划分为三个大的等级，即：金、黑、棕色是欧姆级的；红、橙、黄色是千欧级的；绿、蓝色则是兆欧级的。这样划分是为了便于记忆。

（3）当第二环是黑色时，第三环颜色所代表的则是整数，即几、几十、几百千欧等，这是读数时的特殊情况，应当注意。例如第三环是红色，则其阻值即是整几千欧的。表示倍数的 4 环电阻的第 3 环或 5 环电阻的第 4 环是几就在有效数字后加几个 0，若是负数，是几，有效数字的小数点就向左移几位。

（4）记住第四环颜色所代表的误差，即：金色为 5%；银色为 10%；无色为 20%。

（二）发光二极管

1. 发光二极管的外形和结构

发光二极管（LED）是具有一个 PN 结的半导体光电器件，它与普通二极管一样具有单向导电性，当有足够的正向电流通过 PN 结时，便会发光。常见的发光二极管有：塑封 LED、金属外壳 LED、圆形 LED、方形 LED、异形 LED、变色 LED 等（见图 1-1）。它们广泛应用在显示、指示、遥控和通信领域。

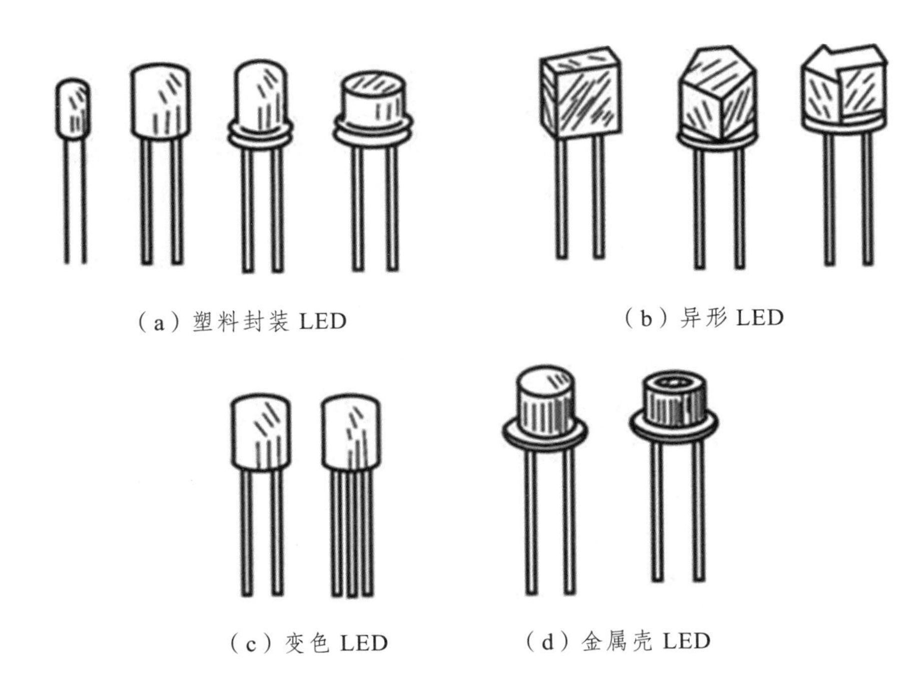

图 1-1　常见的发光二极管

发光二极管管脚有正负极之分，使用前应区分清楚。一般发光二极管两管脚中较长的是正极，较短的是负极。对于透明或半透明塑封发光二极管，可以用肉眼观察到它内部电极的形状，正极的内电极较小，负极的内电极较大，如图 1-2 所示。

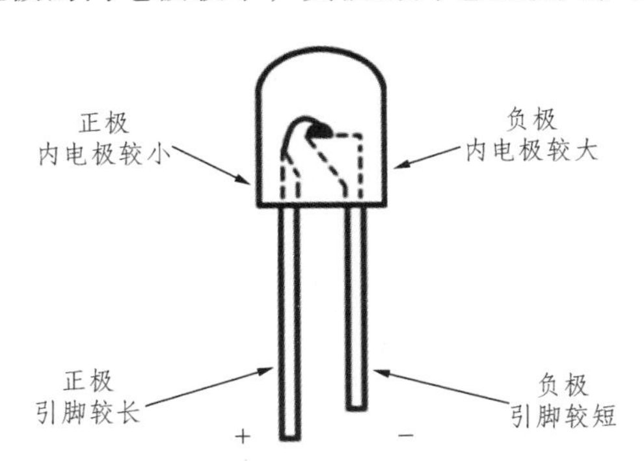

图 1-2　发光二极管的结构

2. 发光二极管的符号

发光二极管的文字符号为“VD”，图形符号如图 1-3 所示。发光二极管的主要参数有最大工作电流 I_{FM} 和最大反向电压 U_{RM}。使用中不得超过这两项参数值，否则会使发光二极管损坏。

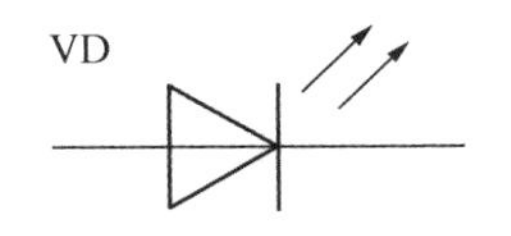

图 1-3　发光二极管的符号

3. 发光二极管的检测

用万用表检测发光二极管时，必须使用“R × 10 k”档。因为发光二极管的管压降为 2 V 左右，而万用表“R × 1 k”及其以下各电阻档，表内电池仅为 1.5 V，低于管压降，无论正反向接入，发光二极管都不可能导通，也就无法检测。“R × 10 k”档时，表内接有 15 V（有些万用表为 9 V）高压电池，高于管压降，所以可以用来检测发光二极管。

检测时，万用表黑表笔（表内电池正极）接 LED 正极，红表笔（表内电池负极）接 LED 负极，测其正向电阻。表针应偏转过半，同时 LED 中有一发亮光点，见图 1-4（a）。对调两表笔后测其反向电阻，应为 ∞，LED 无发亮光点，见图 1-4（b）。如果无论正向接入还是反向接入，表针都偏转到头或都不动，则该发光二极管已损坏。

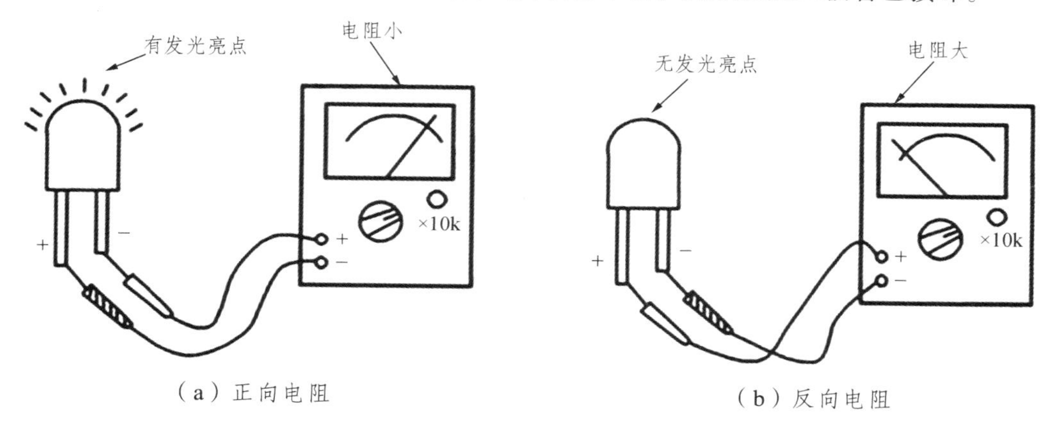

图 1-4 发光二极管的检测

4. 发光二极管的主要参数

发光二极管的主要参数包括最大工作电流、正向电压降、正向工作电流、方向电流等。

1）最大工作电流 I_{CM}

它是指发光二极管长期工作时，所允许通过的最大电流。

2）正向电压降 V_F

它是指通过规定的正向电流时，发光二极管两端产生的正向电压。

3）正向工作电流 I_F

它是指发光二极管两端加上规定的正向电压时，发光二极管内的正向电流。

4）反向电流 I_R

它是指发光二极管两端加上规定的反向电压时，发光二极管内的反向电流。该电流又称为反向漏电流。

5）发光强度 I_V

它是一个表示发光二极管亮度大小的参数，其值为通过规定的电流时，在管心垂直方向上单位面积所通过的光通量，单位为 mcd。

6）发光波长 λ

它是指发光二极管在一定工作条件下，发出光的峰值（为发光强度最大的一点）对应的波长，又称为峰值波长（λ_p）。由发光波长便可知发光二极管的发光颜色。图 1-5 所示为磷砷化镓发光二极管的光谱特性曲线，图中所示的发光波长为 6700 A 左右，故发红光。

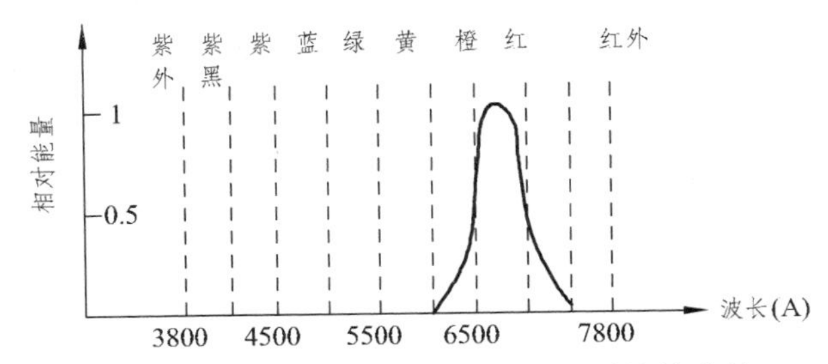

图 1-5 磷砷化镓发先二极管的光谱特性曲线

7）发光分散角

发光二极管聚光效果的优劣用发光分散角 θ 的大小来衡量，θ 角越小，聚光越好，发光方向性越强。但 θ 角过小不利于侧面观察，一般 θ 在 30° ~ 60°。图 1-6 所示为发光二极管的发光方向特性曲线。

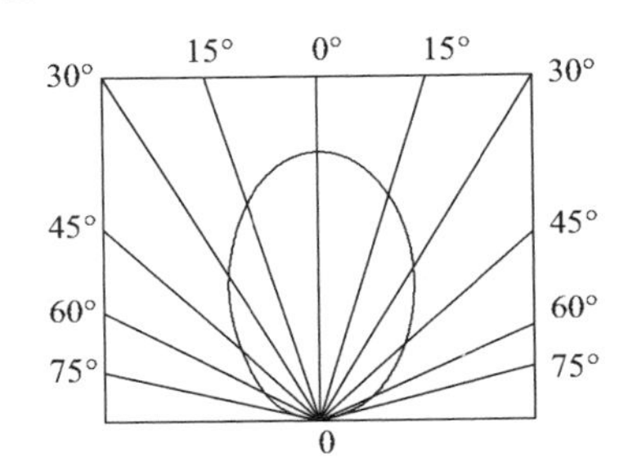

图 1-6 发光二极管的发光方向特性曲线

常用的国产普通单色发光二极管有 BT（厂标型号）系列、FG（部标型号）系列和 2EF 系列。表 1-2 所示为国产 BT 型发光二极管的主要参数。

表 1-2 国产 BT 型发光二极管主要参数

型号 参数	最大耗散功率/W	最大工作电流/mA	正向电压/V	反向电压/V	方向电流/μA	波长/nm	发光颜色
BT101	0.05	20	≤2	≥5	≤50	650	红
BT102	0.05	20	≤2.5	≥5	≤50	700	红
BT103	0.05	20	≤2.5	≥5	≤50	565	绿
BT104/X	0.05	20	≤2.5	≥5	≤50	585	黄
BT111/X	0.05/0.1	20	≤2/1.9	≥5	≤50	650	红

续表

型号 参数	最大耗散功率/W	最大工作电流/mA	正向电压/V	反向电压/V	方向电流/μA	波长/nm	发光颜色
BT112/X	0.05/0.1	20	≤2.5	≥5	≤50	700	红
BT113/X	0.05/0.1	20	≤2.5	≥5	≤50	568	绿
BT114/X	0.05/0.1	20	≤2.5	≥5	≤50	585	黄
BT117/X	0.1	20	≤2.3	≥5	≤50	630	橙
BT201	0.09	40	≤2	≥5	≤50	650	红
BT202	0.09	40	≤2.5	≥5	≤50	700	红
BT203	0.09	40	≤2.5	≥5	≤50	656	绿
BT204	0.09	40	≤2.5	≥5	≤50	585	绿
BT211	0.09	40	≤2	≥5	≤50	650	红
BT212	0.09	40	≤2.5	≥5	≤50	700	红
BT213	0.09	40	≤2.5	≥5	≤50	650	绿
BT214	0.09	40	≤2.5	≥5	≤50	585	黄
BT301	0.09	120	≤2	≥5	≤200	650	红
BT302	0.09	120	≤2.5	≥5	≤200	700	红
BT303	0.09	120	≤2.5	≥5	≤200	565	绿
BT304	0.09	120	≤2.5	≥5	≤200	585	黄

三、项目实施

1. 项目原理说明

本项目制作的简易指示灯电路原理图如图 1-7 所示，由直流电源、电阻、开关、

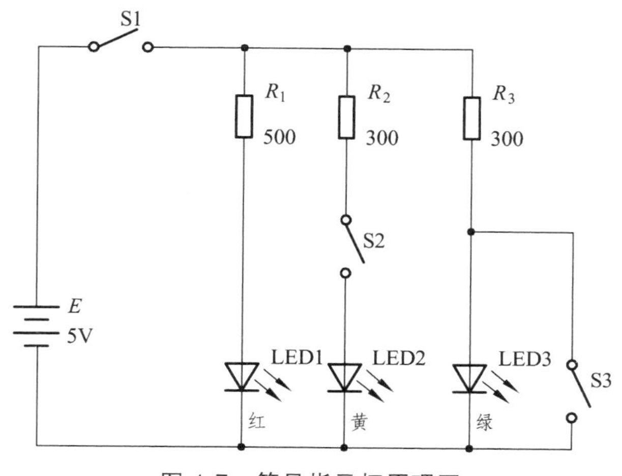

图 1-7　简易指示灯原理图

发光二极管等组成。当按下 S1 接通直流电源后 LED1，LED3 灯亮，合上 S2 后，LED2 点亮，合上 S3 后 LED3 熄灭。由于限流电阻的阻值不同，可以观察到 LED1 灯的亮度明显低于其他两个灯。

2. 元器件的选择

简易指示灯的元器件主要用到电阻、直流电压源、发光二极管、开关等。具体如表 1-3 所示。

表 1-3 元器件清单

序号	元件名称	元件标识	型号与参数	元件数量
1	电　阻	R_1	500 Ω	1
2	电　阻	R_2，R_3	300 Ω	1
3	发光二极管	LED1，LED2，LED3	红、黄、绿	3
4	开　关	S1，S2，S3	单刀开关	3
5	电　源	E	5V	1

3. 电路调试过程及注意点

（1）上电之前检查焊接情况，电路是否短路，准确无误后上电测试（注意发光二极管的正负极性）。

（2）在三个 LED 灯都被点亮的情况下，用万用表电流档分别测量三条并联电路中的电流以及总电路中的电流，找到其关系。

（3）依次合上开关 S1，S2，S3，观察 LED 灯的亮灭情况，依次打开 S3，S2，S1 开关，观察 LED 的亮灭情况。

4. 项目评价

本项目的考核通过“过程考核和综合考核相结合，理论和实际考核相结合，教师评价和学生自评、互评相结合”的原则，实行过程监控的考核体系。表 1-4 中有本任务中需要考核的内容及要求、所占的分值等，在具体评价时各位老师可根据需要确定评价考核的方式。

表 1-4 简易指示灯评价表

考核项目	考核内容及要求	分值	学生自评	小组评分	教师评分
项目资讯掌握情况	① 能正确识别发光二极管、色环电阻、开关、直流电源等元件 ② 能分析、选择、正确使用上述元器件 ③ 能分析电路工作原理	25			

续表

<table>
<tr><td>电路制作</td><td>① 能详细列出元件、工具、耗材及使用仪器仪表清单
② 能制定详细的实施流程与电路调试步骤
③ 电路板设计制作合理，元件布局合理，焊接规范
④ 能正确使用仪器仪表</td><td>25</td><td></td><td></td><td></td></tr>
<tr><td>电路调试</td><td>① 能正确调试简易指示灯电路
② 能正确判断电路故障原因并及时排除故障</td><td>15</td><td></td><td></td><td></td></tr>
<tr><td>考核项目</td><td>考核内容及要求</td><td>分值</td><td>学生自评</td><td>小组评分</td><td>教师评分</td></tr>
<tr><td>项目报告书完成情况</td><td>① 语言表达准确、逻辑性强
② 格式标准、内容充实、完整
③ 有详细的项目分析、制作调试过程及数据记录</td><td>15</td><td></td><td></td><td></td></tr>
<tr><td>职业素养</td><td>① 学习、工作积极主动，遵时守纪
② 团结协作精神好
③ 踏实勤奋、严谨求实</td><td>10</td><td></td><td></td><td></td></tr>
<tr><td>安全文明生产</td><td>① 严格遵守实习生产操作规程
② 安全操作无事故</td><td>10</td><td></td><td></td><td></td></tr>
<tr><td colspan="2">总　分</td><td></td><td></td><td></td><td></td></tr>
</table>

四、项目总结及思考

本项目我们完成了简易指示灯电路的制作与调试，项目内容比较简单，只要掌握色环电阻的正确读取和发光二极管正负极性的正确判断就能够顺利地完成本项目。在完成项目的制作和调试的基础上，思考以下几个问题。

（1）依次写出本项目中色环电阻 R_1，R_2 的色环颜色和对应的阻值。

（2）计算 R_1，LED1 支路中的电流，在 S1 闭合的情况下，计算 R_2，LED2 支路中的电流。说明 LED1，LED2，LED3 发光二极管点亮度不同的原因。

项目二　电桥电路的安装与调试

一、项目描述

在检测技术中，通常需要对微小变化的量进行测量，比如应变片物体重量变化的测量，热敏电阻温度测量等。用普通的方法无法满足对微小量的测量，因此我们通常使用电桥电路来进行测量。本项目的任务是完成电桥电路的安装和调试。要达到以下教学目标。

【知识目标】

1. 了解电桥的特点、应用和工作原理。
2. 掌握直流电路各参数测量的基本原理。
3. 掌握简单电路的分析和设计方法。

【技能目标】

1. 学会独立查阅元器件的资料。
2. 学会万用表的使用方法。
3. 能够识读电路图，并按照电路图进行电路接线。
4. 完成电桥电路的安装与调试。

二、项目资讯

（一）电桥电路

由电阻、电容、电感等元件组成的四边形测量电路叫电桥，人们常把四条边称为桥臂。作为测量电路，在四边形的一条对角线两端接上电源，另一条对角线两端接指零仪器。调节桥臂上某些元件的参数值，使指零仪器的两端电压为零，此时电桥达到平衡。利用电桥平衡方程 $Z_1Z_3=Z_2Z_4$，即可根据桥臂中已知元件的数值求得被测元件的参量（如电阻、电感和电容）。常用的电桥有惠斯通电桥、麦克斯韦电桥和文氏电桥。

1．惠斯通电桥

图 2-1 为惠斯通电桥的原理图，待测电阻 R_X 和 R_1，R_2，R_0 四个电阻构成电桥的四个“臂”，检流计 G 连通的 CD 称为“桥”。当 AB 端加上直流电源时，桥上的检流计用来检测期间有无电流及比较“桥”两端（即 CD 端）的电位大小。调节 R_1，R_2 和 R_0，可使 CD 两点的电位相等，检流计 G 指针指零（即 $I_G=0$）。此时，电桥达到了平衡。电桥平衡时，$U_{AC}=U_{AD}$，$U_{BC}=U_{BD}$，即 $I_1R_1=I_2R_2$，$I_xR_x=I_0R_0$。因为 G 中无电流，所以 $I_1=I_x$，$I_2=I_0$，上面两式相除，得到

$$\frac{R_1}{R_x}=\frac{R_2}{R_0} \tag{2-1}$$

则

$$R_x=\frac{R_1}{R_2}R_0=CR_0 \tag{2-2}$$

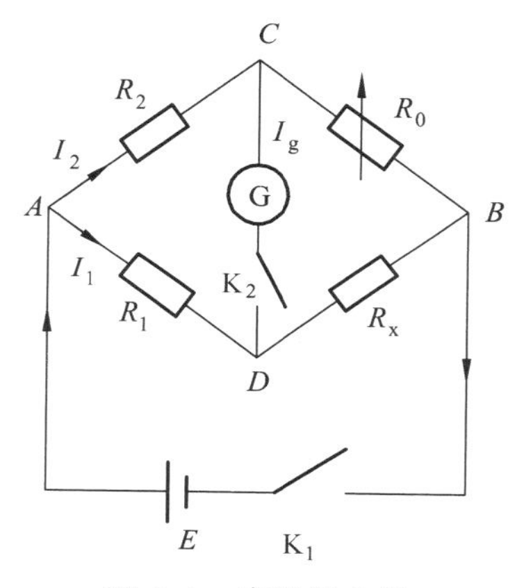

图 2-1　惠斯通电桥

显然，惠斯通电桥测电阻的原理，就是采用电压比较法。由于电桥平衡由检流计示零，故电桥测量方法又称为零示法。当电桥平衡时，已知三个电桥桥臂电阻，就可以求出另一桥臂的待测电阻值。利用惠斯通电桥测电阻，从根本上消除了采用伏安法测电阻时由于电表内阻接入而带来的系统误差，因而准确度也就提高了。

2．麦克斯韦电桥

麦克斯韦电桥如图 2-2 所示，用来测量电感器的电感量和电阻值，L_x，R_x 分别表示待测电感器的电感和电阻。电桥平衡方程为 $L_x=R_1R_4C_3$，$R_x=R_aR_b/R_n$，由已知的 R_n，R_a，R_b，C_n，便可计算出 L_x 和 R_x。

3．文氏电桥

文氏电桥如图 2-3 所示，主要用于测量电容器的电容量及电阻值，待测电容器的电阻、电容由 R_x，C_x 表示。电桥平衡方程为 $C_x=C_3R_2/R_1$，$R_x=R_1R_3/R_2$，由已知的 R_2，R_3，R_1，C_3 便可计算出 C_x 和 R_x。电桥作为一种基本的测量工具，应用广泛。测量的精确度主要取决于指零仪器的精确度。

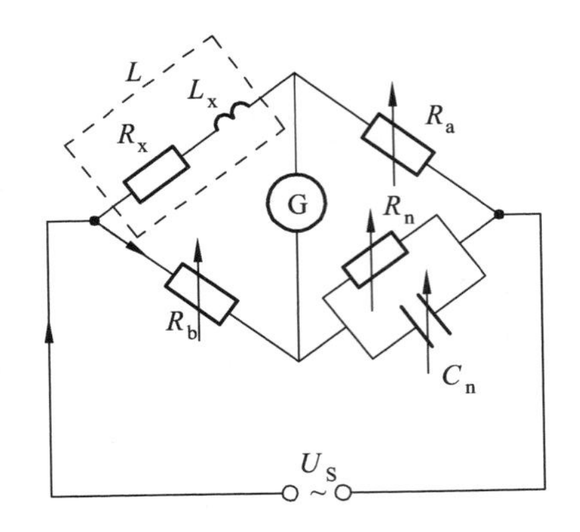

图 2-2　麦克斯韦电桥

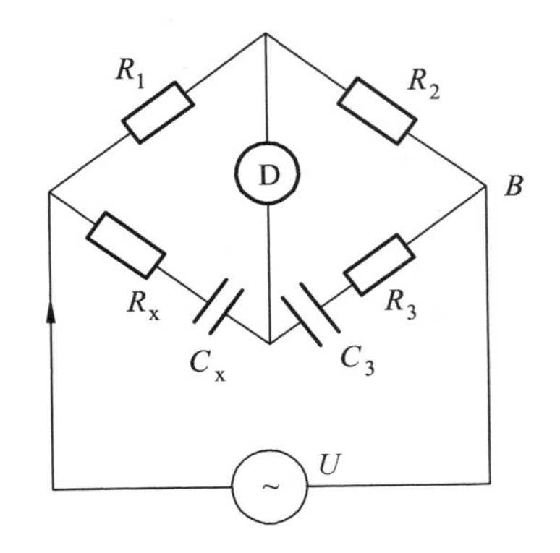

图 2-3　文氏电桥

4．电桥电路的应用

一般来说，被测量非常微小时必须用电桥电路来测量，这样的测量电路最常见的有直流电桥和交流电桥。我们以直流电桥为例简要介绍其工作原理和相关特性。

如图 2-4 所示，直流电桥电路的 4 个桥臂由 R_1，R_2，R_3，R_4 组成，其中 a，c 两端接直流电压 U_i，而 b，d 两端为输出端，其输出电压为 U_o。

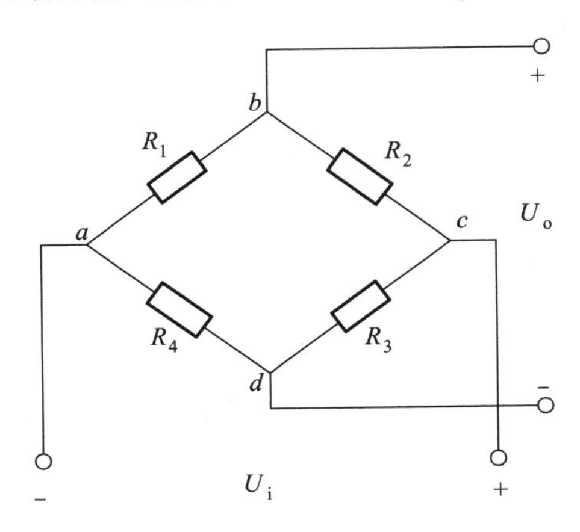

图 2-4　直流电桥电路原理图

$$U_0 = \frac{R_1R_3 - R_2R_4}{(R_1+R_2)(R_3+R_4)}U_i \qquad (2\text{-}3)$$

根据可变电阻在电桥电路中的分布方式，电桥的工作方式有 3 种类型。

1）单臂电桥

电桥电路中只有一个电阻可变时，工作时，其余 3 个桥臂电阻的阻值没有变化，如图 2-5（a）所示。当 $\Delta R_1 \ll R_1$ 时，设 $R_1 = R_2 = R_3 = R_4 = R$，$\Delta R_1 = \Delta R$，电桥的输出电压为

$$U_{\mathrm{O}} = \frac{U_{\mathrm{i}}}{4}\frac{\Delta R}{R} \qquad (2\text{-}4)$$

此时灵敏度为　　$K = \frac{U_{\mathrm{i}}}{4}$

2）双臂电桥（半桥）

电桥电路中相邻桥臂接入两个可变电阻时，变化方向相反，工作时一个电阻值增大，一个电阻值减小，如图 2-5（b）所示。

R_1、R_2 为应变片，若 $R_1 = R_2 = R_3 = R_4 = R$，$\Delta R_1 = \Delta R_2 = \Delta R$，电桥的输出电压为

$$U_{\mathrm{O}} = \frac{U_{\mathrm{i}}}{2}\frac{\Delta R}{R} \qquad (2\text{-}5)$$

此时灵敏度为 $K = \frac{U_{\mathrm{i}}}{2}$，双臂电桥无非线性误差，比单臂桥电压灵敏度提高一倍，同时具有温度补偿作用。

3）四臂电桥（全桥）

将电桥 4 臂都接入可变电阻：2 个增大，2 个减小，将 2 个变化方向相同的接入相对桥臂上，构成全桥差动电路，电桥 4 个桥臂的电阻值都发生了变化，如图 2-5（c）所示电桥的输出电压为

$$U_{\mathrm{O}} = U_{\mathrm{i}}\frac{\Delta R}{R} \qquad (2\text{-}6)$$

此时灵敏度为　　$K = U_{\mathrm{i}}$

此时的全桥差动电路不仅没有非线性误差，而且灵敏度是单臂的 4 倍，同时具有温度补偿作用。

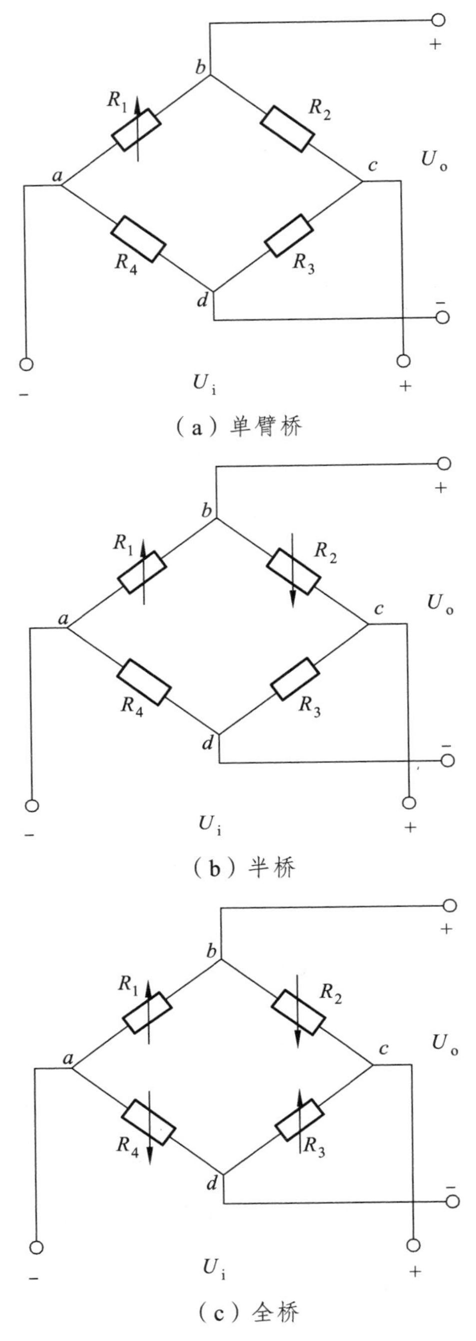

图 2-5　3 种桥式工作电路

5. 电桥的零点补偿

现实情况下要求电桥的 4 个桥臂电阻值完全相同是不可能的，这样就使电桥不能满足初始平衡条件（$U_o = 0$）。为了解决这一问题，可以在电桥中接入可调电阻 R_P，如图 2-6 所示。要使电桥满足平衡的条件：$R_1/R_2 = R_4/R_3$，可以调节 R_P，最终可以使

$R_1/R_2=R_4/R_3$（R_1，R_2是R_1，R_2并联R_P后的等效电阻），电桥趋于平衡，U_o被预调到零位，这一过程称为调零。图中的R_5是用于减小调节范围的限流电阻。

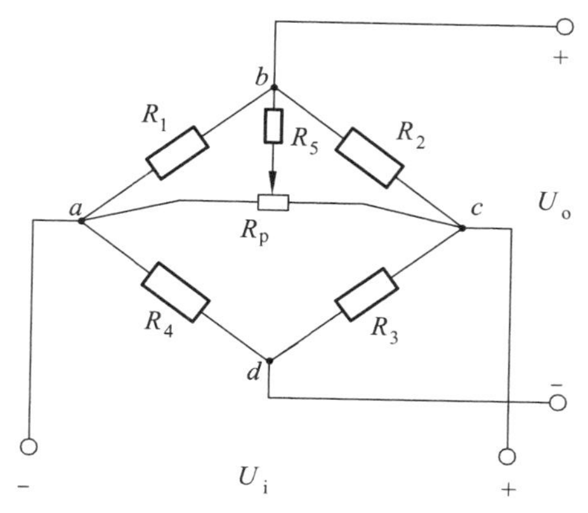

图 2-6　零点补偿电路

（二）热敏电阻

1. 热敏电阻的外形结构及符号

热敏电阻器是敏感元件的一类，大部分热敏电阻是由各种氧化物按一定比例混合而成的，如图 2-7 所示。

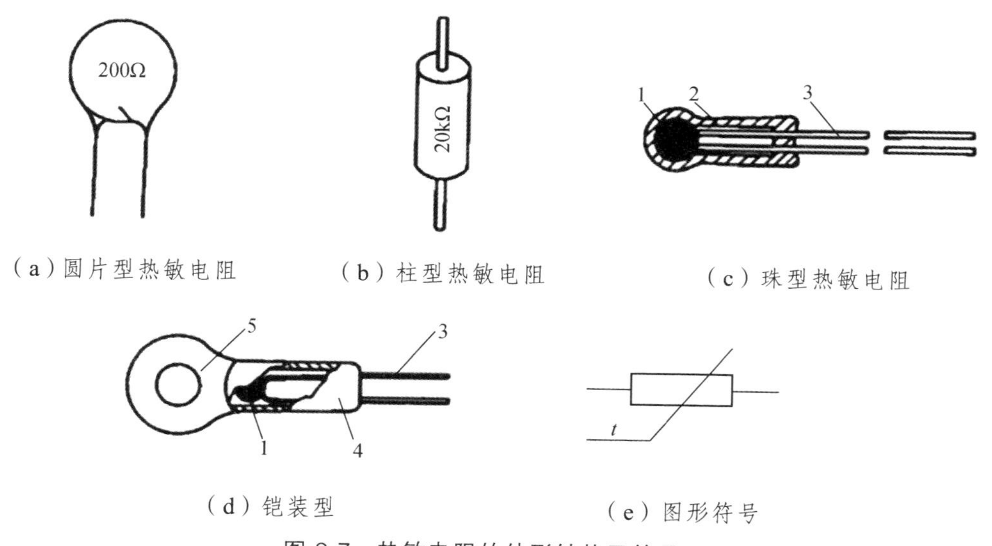

（a）圆片型热敏电阻　（b）柱型热敏电阻　（c）珠型热敏电阻

（d）铠装型　（e）图形符号

图 2-7　热敏电阻的外形结构及符号

1—热敏电阻；2—玻璃外壳；3—引出线；4—紫铜外壳；5—传热安装孔

2. 热敏电阻的主要特点

① 灵敏度较高，其电阻温度系数要比金属大 10 ~ 100 倍以上，能检测出 10^{-6} °C 的温度变化。

② 工作温度范围宽，常温器件适用于 −55 ~ 315 °C，高温器件适用温度高于 315 °C（目前最高可达到 2000 °C）的情况，低温器件适用于 −273 ~ −55 °C。

③ 体积小，能够测量其他温度计无法测量的空隙、腔体及生物体内血管的温度。

④ 使用方便，电阻值可在 0.1 ~ 100 kΩ 间任意选择。

⑤ 易加工成复杂的形状，可大批量生产。

⑥ 稳定性好、过载能力强。

3．热敏电阻的热电特性

热敏电阻器作为一种新型的半导体测温元件，其典型特点是对温度敏感，不同的温度下表现出不同的电阻值。按照温度系数不同热敏电阻器可分为正温度系数热敏电阻器（PTC）和负温度系数热敏电阻器（NTC）。正温度系数热敏电阻器（PTC）在温度越高时电阻值越大，负温度系数热敏电阻器（NTC）在温度越高时电阻值越低。其热电特性如图 2-8 所示。

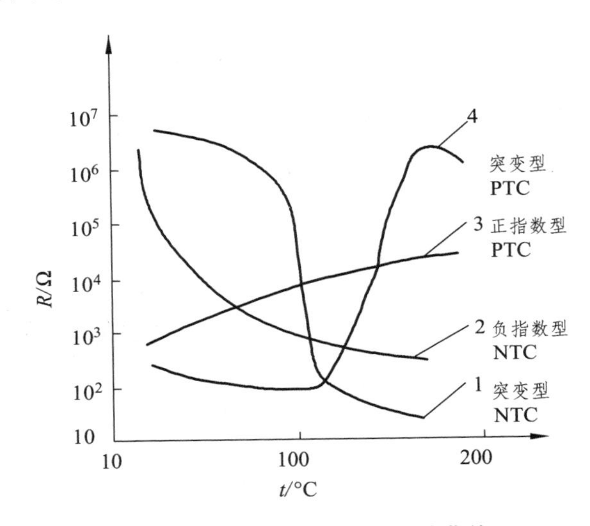

图 2-8　热敏电阻的热电特性曲线

4．热敏电阻的主要技术指标

标称电阻值（R_{25}）：热敏电阻在 25 °C 时的电阻值。

温度系数：温度变化导致电阻的相对变化。温度系数越大，热敏电阻对温度变化的反映越灵敏。

时间常数：温度变化时，热敏电阻的阻值变化到最终值所需时间。

额定功率：热敏电阻正常工作的最大功率。

温度范围：允许热敏电阻正常工作，且输出特性没有变化的温度范围。

三、项目实施

1. 项目原理说明

电桥电路在实际测量中也经常使用，比如在温度测量电路中，如图 2-9 所示，利用热敏电阻和 3 个固定电阻组成电桥电路，当热敏电阻的电阻值随着温度变化时，电桥电路的输出电压也就跟着变化，电压的变化与温度成一定比例关系。

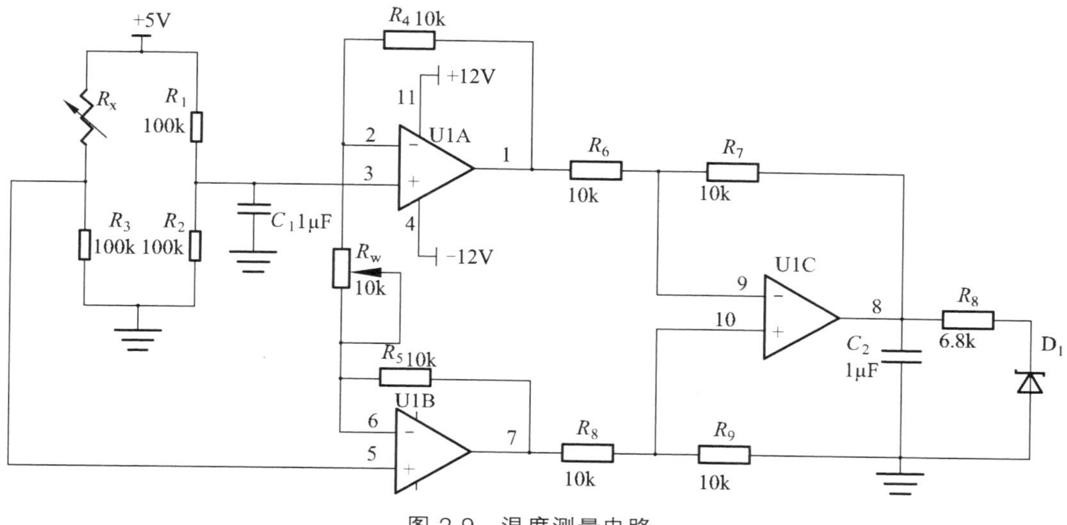

图 2-9 温度测量电路

2. 元器件选择

本项目要求制作和调试温度测量电路中的电桥电路部分，具体用到热敏电阻以及几个固定电阻。元器件清单如表 2-1 所示。

表 2-1 元器件清单

序号	元件名称	元件标识	元件型号与参数	元件数量
1	电　阻	R_1，R_2，R_3	100 kΩ	3
2	热敏电阻	R_X	100 kΩ（ME58　NTC 型）	1

3. 电路调试过程及注意点

（1）上电之前检查焊接情况，查看电路是否短路，准确无误后上电测试，直流电采用 5 V 电源。

（2）在室温下，测量电桥电路输出端的电压。用打火机在热敏电阻附近加热，观察输出电压的变化情况。找到温度与输出电压之间的关系。

4. 项目评价

本项目的考核通过“过程考核和综合考核相结合，理论和实际考核相结合，教师评价和学生自评、互评相结合”的原则，实行过程监控的考核体系。表 2-2 中有本任务中需要考核的内容及要求、所占的分值等，在具体评价时各位老师可根据需要确定评价考核的方式。

表 2-2 电桥电路评价表

考核项目	考核内容及要求	分值	学生自评	小组评分	教师评分
项目资讯掌握情况	① 能正确识别热敏电阻、色环电阻等元件 ② 能分析、选择、正确使用上述元器件 ③ 能分析电路工作原理 ④ 能查找资料了解热敏电阻的性能	25			
电路制作	① 能详细列出元件、工具、耗材及使用仪器仪表清单 ② 能制定详细的实施流程与电路调试步骤 ③ 电路板设计制作合理，元件布局合理，焊接规范 ④ 能正确使用仪器仪表	25			
电路调试	① 能正确调试电桥电路 ② 能正确判断电路故障原因并及时排除故障	15			
项目报告书完成情况	① 语言表达准确、逻辑性强 ② 格式标准、内容充实、完整 ③ 有详细的项目分析、制作调试过程及数据记录	15			
职业素养	① 学习、工作积极主动，遵时守纪 ② 团结协作精神好 ③ 踏实勤奋、严谨求实	10			
安全文明操作	① 严格遵守实践操作规程 ② 安全操作无事故	10			
总　分					

四、项目总结及思考

本项目我们完成了电桥电路的制作与调试，项目内容比较简单，只要注意色环电阻的正确读取和热敏电阻性能的判断就能够顺利地完成本项目。在完成项目制作和调试的基础上，思考以下几个问题：

（1）写出本项目中采用的热敏电阻的型号以及特性，测量常温下热敏电阻的阻值。

（2）计算常温下，电桥电路各个支路中的电流和电阻上的电压值。

（3）根据温度变化时输出电压的变化，找出温度与热敏电阻阻值之间的关系。

项目三　串联谐振电路的安装与调试

一、项目描述

在无线电工程中，比如调频电台就是通过谐振获得较高的电压来接收相应电台的信号。在高电压技术中，利用串联谐振产生工频高电压，为变压器等电力设备做耐压试验，可以有效地发现设备中危险的集中性缺陷，是检验电气设备绝缘强度的最有效和最直接的方法。本项目的任务是完成串联谐振电路的安装和调试。要达到以下教学目标。

【知识目标】

1. 熟悉电容、电感的结构和特点。
2. 掌握正弦交流电的基础知识。
3. 掌握 RLC 串联谐振的特点和分析方法。

【技能目标】

1. 学会独立查阅元器件的资料。
2. 学会信号发生器、示波器、交流毫伏表的使用方法。
3. 能够识读电路图，并按照电路图进行电路接线。
4. 完成 RLC 串联谐振电路的安装与调试。

二、项目资讯

（一）RLC 串联谐振电路

R，L，C 串联电路（见图 3-1）的阻抗是电源频率的函数，即：

$$Z = R + \mathrm{j}\left(\omega L - \frac{1}{\omega C}\right) = |Z|\,\mathrm{e}^{\mathrm{j}\varphi} \qquad (3\text{-}1)$$

当 $\omega L = \dfrac{1}{\omega C}$ 时，电路呈现电阻性，U_{s} 一定时，电流达最大，这种现象称为串联谐振，谐振时的频率称为谐振频率，也称电路的固有频率。即

$$\omega_0 = \frac{1}{\sqrt{LC}} \text{或} f_0 = \frac{1}{2\pi\sqrt{LC}} \tag{3-2}$$

上式表明谐振频率仅与元件参数 L，C 有关，而与电阻 R 无关。

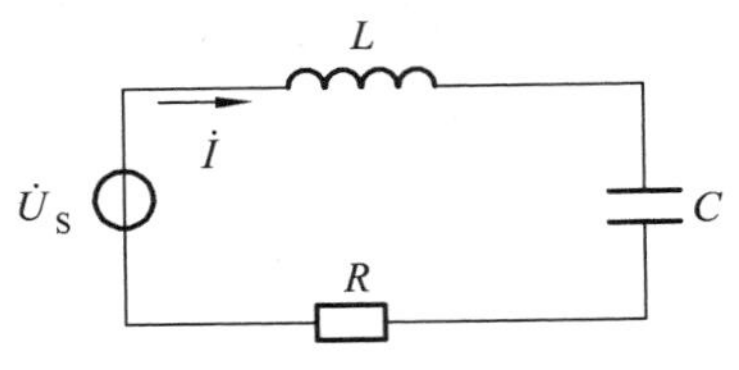

图 3-1　R，L，C 串联谐振电路

（二）串联谐振的特性

1. 电路处于谐振状态时的特征

① 复阻抗 Z 达最小，电路呈现电阻性，电流与输入电压同相。

② 电感电压与电容电压数值相等，相位相反。此时电感电压（或电容电压）为电源电压的 Q 倍，Q 称为品质因数，即

$$Q = \frac{U_L}{U_S} = \frac{U_C}{U_S} = \frac{\omega_0 L}{R} = \frac{1}{\omega_0 CR} = \frac{1}{R}\sqrt{\frac{L}{C}} \tag{3-3}$$

在 L 和 C 为定值时，Q 值仅由回路电阻 R 的大小来决定。

③ 在激励电压有效值不变时，回路中的电流达最大值，即

$$I = I_0 = \frac{U_S}{R} \tag{3-4}$$

2. 串联谐振电路的频率特性

① 回路的电流与电源角频率的关系称为电流的幅频特性，表明其关系的图形称为串联谐振曲线。电流与角频率的关系为

$$I(\omega) = \frac{U_S}{\sqrt{R^2\left(\omega L - \dfrac{1}{\omega C}\right)^2}} = \frac{U_S}{R\sqrt{1+Q^2\left(\dfrac{\omega}{\omega_0} - \dfrac{\omega_0}{\omega}\right)^2}}$$

$$= \frac{I_0}{\sqrt{1+Q^2\left(\dfrac{\omega}{\omega_0} - \dfrac{\omega_0}{\omega}\right)^2}} \tag{3-5}$$

当 L，C 一定时，改变回路的电阻 R 值，即可得到不同 Q 值下电流的幅频特性曲线（见图 3-2）。显然 Q 值越大，曲线越尖锐。

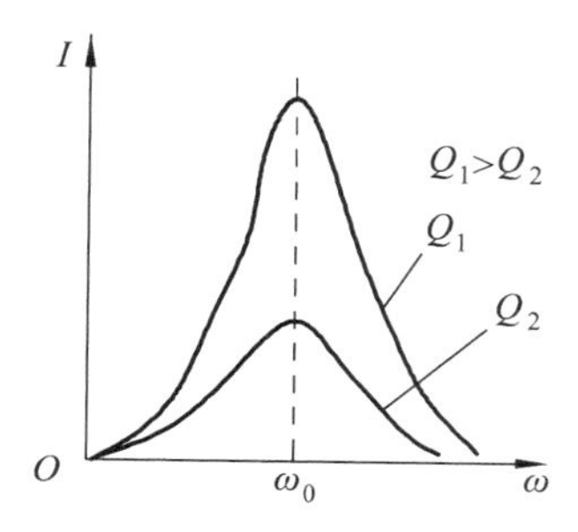

图 3-2　R，L，C串联谐振电路的电流幅频特性

有时为了方便，常以$\dfrac{\omega}{\omega_0}$为横坐标，$\dfrac{I}{I_0}$为纵坐标画电流的幅频特性曲线（这称为通用幅频特性），图 3-3 画出了不同 Q 值下的通用幅频特性曲线。回路的品质因数 Q 越大，在一定的频率偏移下，$\dfrac{I}{I_0}$下降越厉害，电路的选择性就越好。

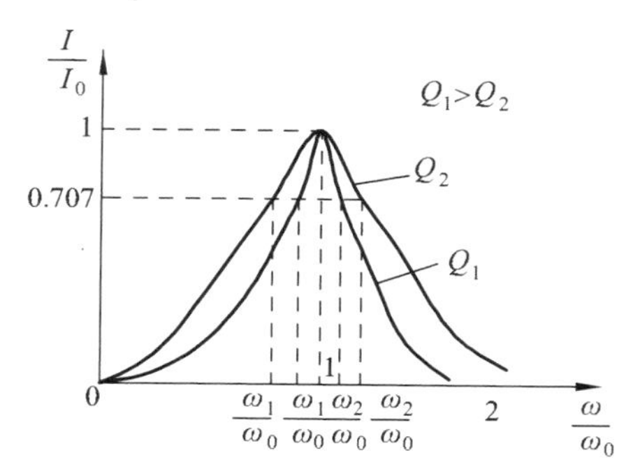

图 3-3　R，L，C串联谐振电路的通用电流幅频特性

为了衡量谐振电路对不同频率的选择能力引进通频带概念，把通用幅频特性的幅值从峰值 1 下降到 0.707 时所对应的上、下频率 ω_2，ω_1之间的宽度称为通频带（以 BW 表示）即

$$BW = \frac{\omega_2}{\omega_0} - \frac{\omega_1}{\omega_0} \tag{3-6}$$

由图 3-3 看出 Q 值越大，通频带越窄，电路的选择性越好。

③ 激励电压与响应电流的相位差 φ 角和激励电源角频率 ω 的关系称为相频特性，即

$$\varphi(\omega) = \arctan\frac{\omega L - \dfrac{1}{\omega C}}{R} = \arctan\frac{X}{R} \tag{3-7}$$

显然，当电源频率 ω 从 0 变到 ω_0 时，电抗 X 由 $-\infty$ 变到 0，φ 角从 $-\dfrac{\pi}{2}$ 变到 0，电路为容性；当 ω 从 ω_0 增大到 ∞ 时，电抗 X 由 0 增到 ∞，φ 角从 0 增到 $\dfrac{\pi}{2}$，电路为感性。

相角 φ 与 $\frac{\omega}{\omega_0}$ 的关系称为通用相频特性，如图 3-4 所示。

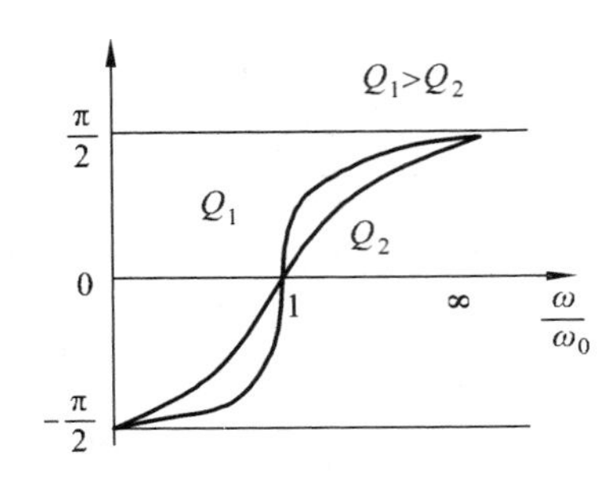

图 3-4　R，L，C 串联谐振电路的通用相频特性

谐振电路的幅频特性和相频特性是衡量电路特性的重要标志。

三、项目实施

1. 项目原理

如图 3-5 所示，R，L，C 组成串联电路，当 $\omega L=1/\omega C$ 时，电路呈现电阻性，U_S 一定时，电流达最大，这种现象就是串联谐振。按图 3-6 连接线路，电源 U_S 为低频信号发生器。将电源的输出电压接示波器的 Y_A 插座，输出电流从 R 两端取出，接到示波器的 Y_B 插座以观察信号波形，取 $L=0.1\text{ H}$，$C=0.5\ \mu\text{F}$，$R=10\ \Omega$，电源的输出电压 $U_S=3\text{ V}$。

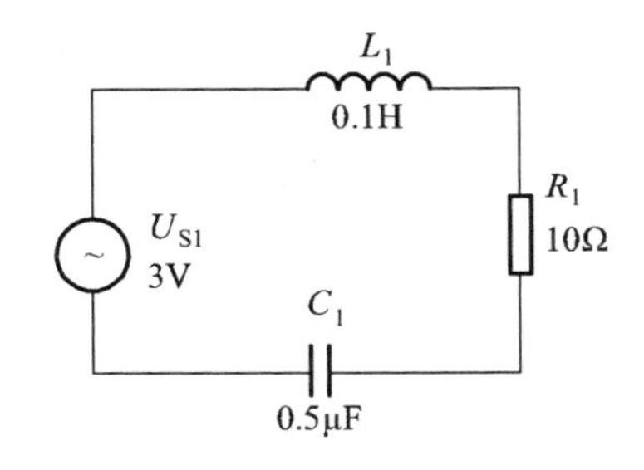

图 3-5　RLC 串联谐振电路

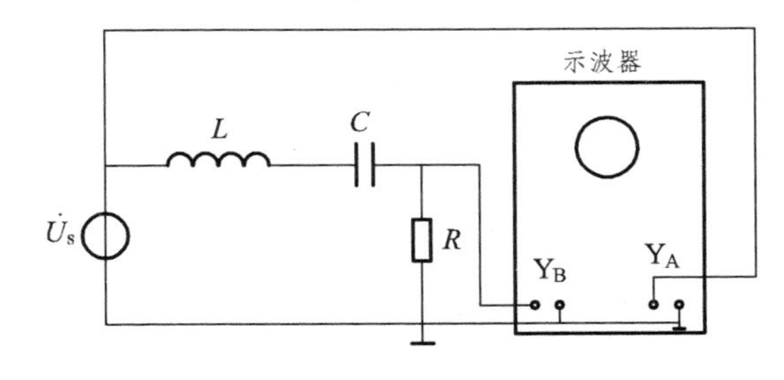

图 3-6　线路连接图

2. 元器件的选择

本项目要求制作和调试串联谐振电路，用到的元器件比较少，只有电阻、电感和电容。元器件清单如表 3-1 所示。

表 3-1 元器件清单

序号	元件名称	元件标识	元件型号与参数	元件数量
1	电　阻	R_1	10 Ω	1
2	电　感	L_1	0.1 H	1
3	电　容	C_1	0.5 μF	1

3. 电路调试过程及注意点

（1）上电之前检查焊接情况，查看电路是否短路，准确无误后上电测试，电源采用信号发生器产生 5 V 电压。

（2）计算和测试电路的谐振频率。

① $f_0=\dfrac{1}{2\pi\sqrt{LC}}$，用 L，C 的值代入式中计算出 f_0。

② 测试：用交流毫伏表接在 R 两端，观察 U_R 的大小，然后调整输入电源的频率，使电路达到串联谐振，当观察到 U_R 最大时电路即发生谐振，此时的频率即为 f_0（最好用数字频率计测试一下）（注意：调整频率时必须保持信号源输出电压 $U_s=3$ V）。

（3）测定电路的电流幅频特性。

以 f_0 为中心，从 100 ~ 2000 Hz 调整输入电源的频率，在 f_0 附近，应多取些测试点。用交流毫伏表测试每个测试点的 U_R 值，然后计算出电流 I 的值。另外，电感本身的直流电阻 R_L 应测出，把数据记入表格 3-2 中。（注意：选择频点时应在通频带内、外各取数点）

$R_L=$　　　Ω，$R=10$ Ω，$U=3$ V

表 3-2 *RLC* 串联电路电流幅频特性

f（Hz）							f_0							
U_R（V）														
I（mA）														

4. 项目评价

本项目的考核通过“过程考核和综合考核相结合，理论和实际考核相结合，教师评价和学生自评、互评相结合”的原则，实行过程监控的考核体系。表 3-3 中有本任务中需要考核的内容及要求、所占的分值等，在具体评价时各位老师可根据需要确定评价考核的方式。

表 3-3 *RLC* 串联谐振电路评价表

考核项目	考核内容及要求	分值	学生自评	小组评分	教师评分
项目资讯掌握情况	① 能正确识别电容、电感、色环电阻等元件 ② 能分析、选择、正确使用上述元器件 ③ 能分析电路工作原理 ④ 能查找资料了解串联谐振的特点	25			
电路制作	① 能详细列出元件、工具、耗材及使用仪器仪表清单 ② 能制定详细的实施流程与电路调试步骤 ③ 电路板设计制作合理，元件布局合理，焊接规范 ④ 能正确使用仪器仪表	25			
电路调试	① 能正确调试 *RLC* 串联电路，使之产生串联谐振 ② 能正确判断电路故障原因并及时排除故障	15			
项目报告书完成情况	① 语言表达准确、逻辑性强 ② 格式标准、内容充实、完整 ③ 有详细的项目分析、制作调试过程及数据记录	15			
职业素养	① 学习、工作积极主动，遵时守纪 ② 团结协作精神好 ③ 踏实勤奋、严谨求实	10			
安全文明操作	① 严格遵守操作规程 ② 安全操作无事故	10			
总　分					

四、项目总结及思考

本项目我们完成了 *RLC* 串联电路的制作与调试，项目制作比较简单，调试过程中要注意频率准确才能顺利地使得电路产生谐振。在完成项目的制作和调试的基础上，思考以下几个问题。

（1）还有哪些方法可以使电路产生谐振？

（2）实验中，当 R，L，C 串联电路发生谐振时，是否有 $U_c=U_L$ 及 $U_R=U_S$？若关系不成立，试分析其原因。

项目四　可调直流稳压电源的安装与调试

一、项目描述

各种家用电器、电子设备的运行都需要稳定的直流电源。这些直流电除了少数直接利用干电池和直流发电机外，大多数采用把交流电（市电）转变为直流电的直流稳压电源。本项目要求完成可调直流稳压电源的安装和调试。达到以下教学目标。

【知识目标】

1. 了解电子产品制作流程。

2. 熟悉直流稳压电源的组成和主要性能指标。

3. 理解直流可调稳压电源、简单的串联型稳压电路、具有放大环节的串联型稳压电路的组成及工作原理。

4. 掌握基本单元电路的工作原理，培养分析电路的能力。

【技能目标】

1. 具备识别与检测电子元器件的能力。

2. 掌握电子产品焊接技术与工艺要求。

3. 学会用仪器、仪表调试、测量直流稳压电路。

4. 学会制作直流稳压电源及排除直流稳压电源的常见故障。

二、项目资讯

（一）直流稳压电源的组成

直流稳压电源由电源变压器、整流电路、滤波电路以及稳压电路组成，如图 4-1 所示。

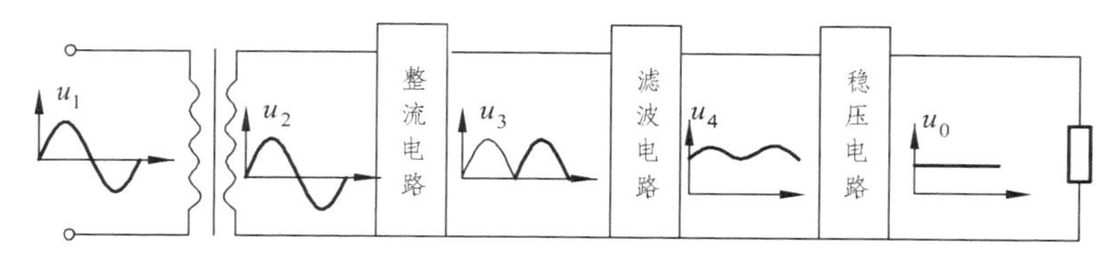

图 4-1　稳压电源的组成

电源变压器：将交流电网电压u_1变为合适的交流电压u_2。

整流电路：将交流电压u_2变为脉动的直流电压u_3。

滤波电路：将脉动直流电压u_3转变为平滑的直流电压u_4。

稳压电路：清除电网波动及负载变化的影响，保持输出电压u_0的稳定。

（二）变压器

变压器是利用电磁感应的原理来改变交流电压的装置，主要构件是初级线圈、次级线圈和铁芯（磁芯）。主要功能有：电压变换、电流变换、阻抗变换、隔离、稳压（磁饱和变压器）等。

1. 变压器的工作原理

变压器由铁芯（或磁芯）和线圈组成，线圈有两个或两个以上的绕组，其中接电源的绕组叫初级线圈，其余的绕组叫次级线圈。它可以变换交流电压、电流和阻抗。最简单的铁芯变压器由一个软磁材料做成的铁芯及套在铁芯上的两个匝数不等的线圈构成，如图 4-2 所示。

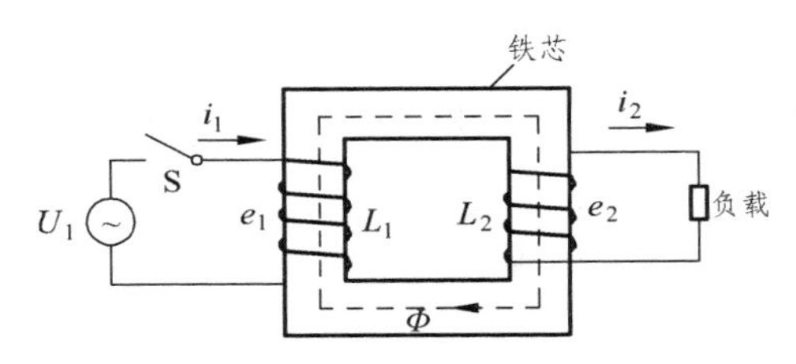

图 4-2　变压器的工作原理

铁芯的作用是加强两个线圈间的磁耦合。为了减少铁内涡流和磁滞损耗，铁芯由涂漆的硅钢片叠压而成。两个线圈之间没有电的联系，线圈由绝缘铜线（或铝线）绕成。一个线圈接交流电源称为初级线圈（或原线圈），另一个线圈接用电器称为次级线圈（或副线圈）。实际的变压器是很复杂的，不可避免地存在铜损（线圈电阻发热）、铁损（铁芯发热）和漏磁（经空气闭合的磁感应线）等，为了简化讨论，这里只介绍理想变压器。理想变压器成立的条件是：忽略漏磁通，忽略原、副线圈的电阻，忽略铁芯的损耗，忽略空载电流（副线圈开路，原线圈中的电流）。例如电力变压器在满载运行时（副线圈输出额定功率）即接近理想变压器情况。

变压器是利用电磁感应原理制成的静止用电器。当变压器的原线圈接在交流电源上时，铁芯中便产生交变磁通，交变磁通用Φ表示。原、副线圈中的Φ是相同的，Φ也是简谐函数，表示为$\Phi = \Phi_m \sin \omega t$。由法拉第电磁感应定律可知，原、副线圈中的感应电动势为$e_1 = -N_1 \mathrm{d}\Phi / \mathrm{d}t$、$e_2 = -N_2 \mathrm{d}\Phi / \mathrm{d}t$。式中$N_1$、$N_2$为原、副线圈的匝数。由图 4-2 可知$U_1 = -e_1$，$U_2 = -e_2$（原线圈物理量用下角标 1 表示，副线圈物理量用下角标 2 表示），其复有效值为$U_1 = -e_1 = \mathrm{j}N_1\omega\Phi$，$U_2 = e_2 = -\mathrm{j}N_2\omega\Phi$，令$k = N_1 / N_2$，称为变压器的变比。由上式可得$U_1/U_2=-N_1/N_2=-k$，即变压器原、副线圈电压有效值之比等于其匝数比，而且原、副线圈电压的位相差为π。

进而得出

$$U_1/U_2=N_1/N_2 \tag{4-1}$$

在空载电流可以忽略的情况下，有$I_1/I_2=-N_2/N_1$，即原、副线圈电流有效值大小与其匝数成反比，且相位差为π。

进而可得

$$I_1/I_2=N_2/N_1 \tag{4-2}$$

理想变压器原、副线圈的功率相等$P_1=P_2$。说明理想变压器本身无功率损耗。实际变压器总存在损耗，其效率为$\eta=P_2/P_1$。电力变压器的效率很高，可达90%以上。

2．变压器的型号和命名

变压器的型号是根据变压器的用途来命名的，常见的变压器命名方法如下。

1）低频变压器的型号命名

低频变压器的型号命名如图4-3所示，由下列三部分组成：

第一部分：主称，用字母表示，表4-1列出了低频变压器型号主称字母及其代表的意义。

第二部分：功率，用数字表示，单位是W。

第三部分：序号，用数字表示，用来区别不同的产品。

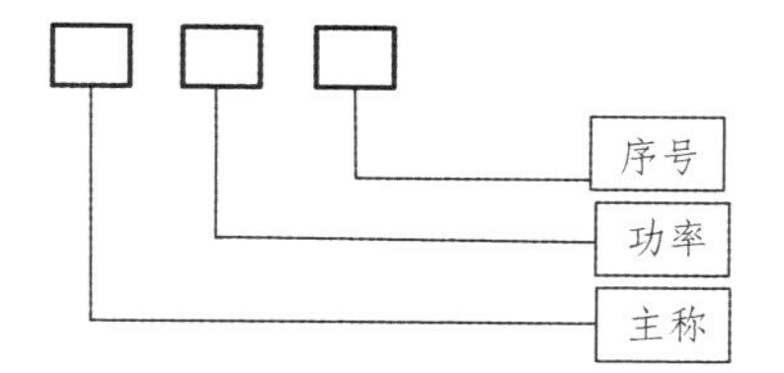

图4-3　低频变压器的型号

表4-1　低频变压器型号主称字母及意义

主称字母	代表意义	主称字母	代表意义
DB	电源变压器	HB	灯丝变压器
CB	音频输出变压器	SB或ZB	音频（定阻式）输送变压器
RB	音频输入变压器	SB或EB	音频（定压式或自耦式）输送变压器
CB	高压变压器		

2）调幅收音机中频变压器的型号命名

调幅收音机中频变压器型号命名如图 4-4 所示，由下列三部分组成：

第一部分：主称，由字母的组合表示名称、用途及特征。

第二部分：外形尺寸，由数字表示。

第三部分：序号，用数字表示，代表级数。1 表示第一级中频变压器，2 表示第二级中频变压器，3 表示第三级中频变压器。

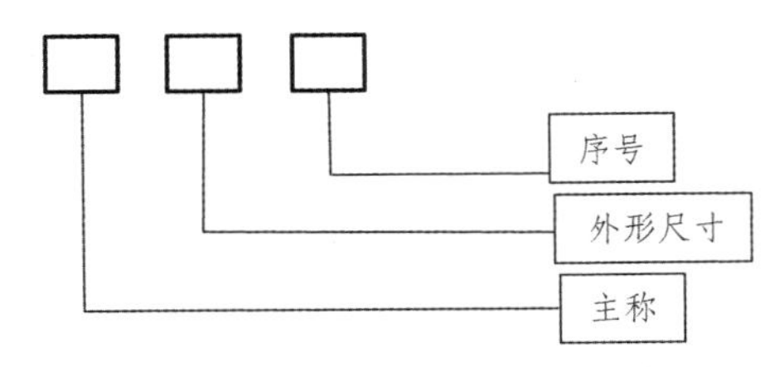

图 4-4　调幅收音机中频变压器型号

表 4-2 列出了调幅收音机中频变压器主称代号及外形尺寸数字代号的意义。

表 4-2　调幅收音机中频变压器的主称代号及外形尺寸代号

主称代号		外形尺寸	
字母	名称、用途、特征	数字	代表尺寸（mm×mm×mm）
T	中频变压器	1	7×7×12
T	线圈或振荡线圈	2	10×10×14
T	磁芯式	3	12×12×16
T	调频收音机用	4	20×25×36
S	短波用	—	—

例如，TTF-2-2 中频变压器的型号表示调幅式收音机用的磁芯式中频变压器。其外形尺寸为 10 mm×10 mm×14 mm，为第二级中频放大器用的中频变压器。

3）电视机中频变压器的命名

电视机中频变压器如图 4-5 所示，由下列四部分组成：

第一部分：底座尺寸，用数字表示，例如 10 表示 10 mm×10 mm。

第二部分：主称，用字母表示名称及用途，见表 4-3。

第三部分：结构，用数字表示，2 为磁帽调节式，3 为螺杆调节式。

第四部分：序号，用数字表示。

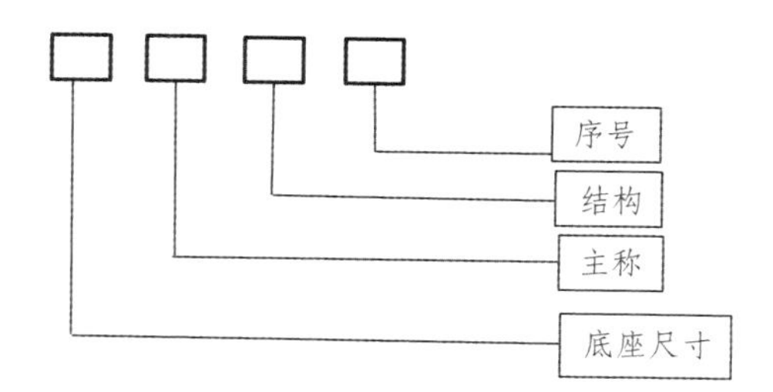

图 4-5　电视机中频变压器型号

表 4-3　电视机中频变压器主称代号及意义

主称字母	代表意义	主称字母	代表意义
T	中频变压器	V	图像回路
L	线圈	S	伴音回路

例如，10TS2221 型中频变压器，表示磁帽调节式伴音中频变压器，底座尺寸为 10 mm×10 mm，产品区别序号为 221。

3．变压器的检测

1）检测绕组的通与断

将万用表拨至 R×1 档，按照中频变压器的各绕组引脚排列规律，逐一检查各绕组的通断情况：阻值为 0 则通——正常，阻值无穷大则断——损坏。

2）检测绝缘性能

将万用表置于 R×10 k 档，做如下几种状态测试：初级绕组与次级绕组之间的电阻值、初级绕组与外壳之间的电阻值、次级绕组与外壳之间的电阻值。上述测试结果分别出现三种情况：

① 阻值为无穷大——正常；

② 阻值为零——有短路性故障；

③ 阻值小于无穷大，但大于零——有漏电性故障。

3）判别初、次级线圈

电源变压器初级绕组多标有 220 V 字样，次级绕组则标出额定电压值，如 15 V，24 V，35 V 等。

（三）整流电路

1．单向桥式整流电路

整流电路的任务是将交流电变换成直流电。完成这一任务主要靠二极管的单向导电作用，因此二极管是构成整流电路的关键元件。整流电路主要有单向半波、单相全波、单相桥式等。本项目中采用单向桥式整流电路。单相桥式整流电路如图 4-6（a）所示，图中 Tr 为电源变压器，它的作用是将交流电网电压 u_1 变成整流电路要求的交流电压 $u_2=\sqrt{2}U_2\sin\omega t$，$R_L$ 是要求直流供电的负载电阻，四只整流二极管 D1 ~ D4 接成电桥的形式，故有桥式整流电路之称。

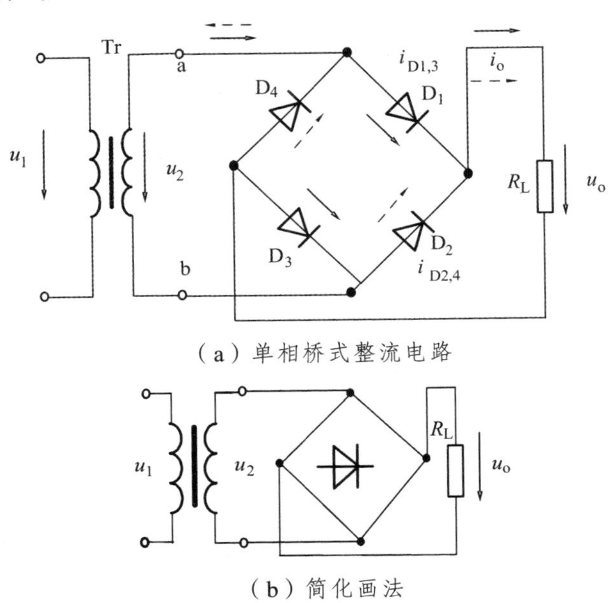

（a）单相桥式整流电路

（b）简化画法

图 4-6　单相桥式整流电路图

单相桥式整流电压的平均值为

$$U_o=\frac{1}{\pi}\int_0^{\pi}\sqrt{2}U_2\sin\omega t\mathrm{d}\omega t=\frac{2\sqrt{2}}{\pi}U_2=0.9U_2 \tag{4-3}$$

直流电流为

$$I_o=\frac{0.9U_2}{R_L} \tag{4-4}$$

2. 二极管的检测

1）极性的判别

如图 4-7，将指针式万用表置于 R × 100 档或 R × 1k 档，两表笔分别接二极管的两个电极，测出一个结果后，对调两表笔，再测出一个结果。两次测量的结果中，有一次测量出的阻值较大（为反向电阻），一次测量出的阻值较小（为正向电阻）。

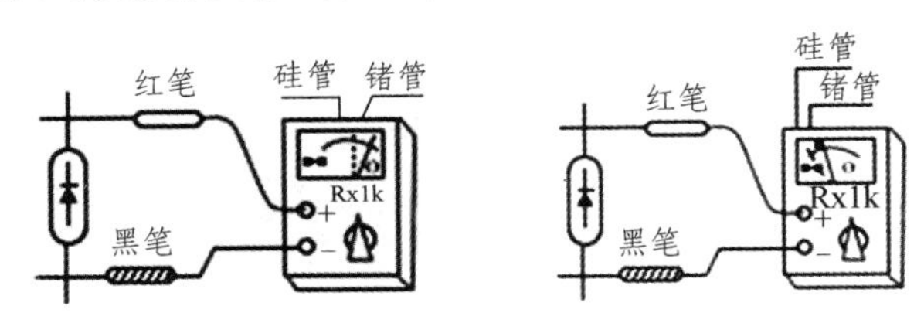

图 4-7　二极管极性的判别

① 若用指针表检测，在阻值较小的一次测量中，黑表笔接的是二极管的正极，红表笔接的是二极管的负极。

② 若用数字式万用表检测，在阻值较小的一次测量中，红表笔接的是二极管的正极，黑表笔接的是二极管的负极。

2）二极管好坏的判断

如图 4-8 所示，用万用表测量小功率二极管时，需把万用表的旋钮拨到欧姆 R×100 或 R×1 k 档（注意不要使用 R×1 或 R×10 k 档，因为 R×1 档电流较大，R×10 k 档电压较高，都易损坏二极管），然后用两根表笔测量二极管的正反向电阻值。一般二极管的正向电阻为几十到几百欧，反向电阻为几千欧到几百千欧。测量所得的正反向电阻相差越大，说明二极管的单向导电性越好。若测得管子的正反向电阻值接近，表示管子已失去单向导电作用；若正反向电阻都很小或为零，则表示管子已被击穿；若正反向电阻都很大，则说明管子内部已断路，均不能使用。

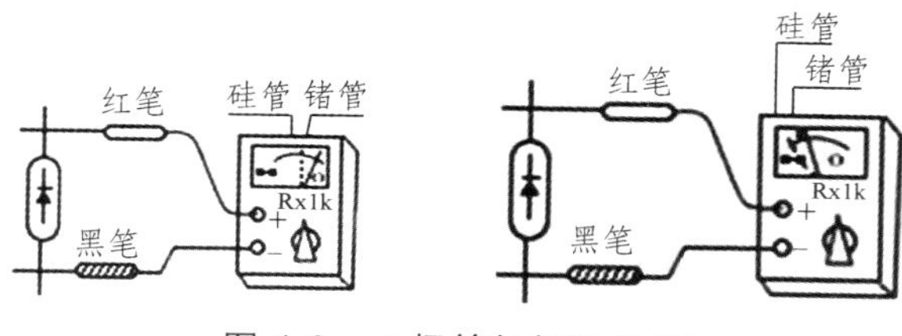

图 4-8　二极管好坏的判别

（四）滤波电路

整流电路虽将交流电变为直流，但输出的却是脉动电压。这种大小变动的脉动电压，除了含有直流分量外，还含有不同频率的交流分量，不能满足大多数电子设备对电源的要求。为了改善整流电压的脉动程度，提高其平滑性，在整流电路中都要加滤波器。下面介绍几种常用的滤波电路。

1. 电容滤波电路

电容滤波电路是最简单的滤波器。它是在整流电路的输出端与负载之间并联一个电容 C 组成的。如图 4-9（a）所示。

电容滤波是通过电容器的充电、放电来滤掉交流分量。图 4-9（b）的波形图中虚线波形为半波整流的波形。并入电容 C 后，在 $u_2>0$ 时，D 导通，电源在向 R_L 供电的同时，又向 C 充电储能，由于充电时间常数很小（绕组电阻和二极管的正向电阻都很小），充电很快，输出电压 u_o 随 u_2 上升，当 $u_C=\sqrt{2}U_2$ 后，u_2 开始下降，当 $u_2<u_C$，D 反偏截止，由电容 C 向 R_L 放电，由于放电时间常数较大，放电较慢，输出电压 u_o 随 u_C 按指数规律缓慢下降，如图中的 ab 实线段。放电过程一直持续到下一个 u_2 的正半波，当 $u_2>u_C$ 时，C 又被充电，u_C 又上升。直到 $u_2<u_C$，D 又截止，C 又放电，如此不断

的充电、放电，使负载获得如图 4-9 中实线所示的 u_o 波形。由波形可见，半波整流接电容滤波后，输出电压的脉动程度大为减小，直流分量明显提高。C 值一定，当 $R_L=\infty$，即空载时，$U_o=\sqrt{2}U_2=1.4U_2$，在波形图中由水平虚线标出。当 $R_L\neq\infty$ 时，由于电容 C 向 R_L 放电，输出电压 U_o 将随之降低。总之，R_L 愈小，输出平均电压愈低。因此，电容滤波只适合在小电流且变动不大的电子设备中使用。通常，输出平均电压可按下述工程估算取值：

$$\begin{cases}U_o=U_2(\text{半波})\\U_o=1.2U_2(\text{全波})\end{cases} \tag{4-5}$$

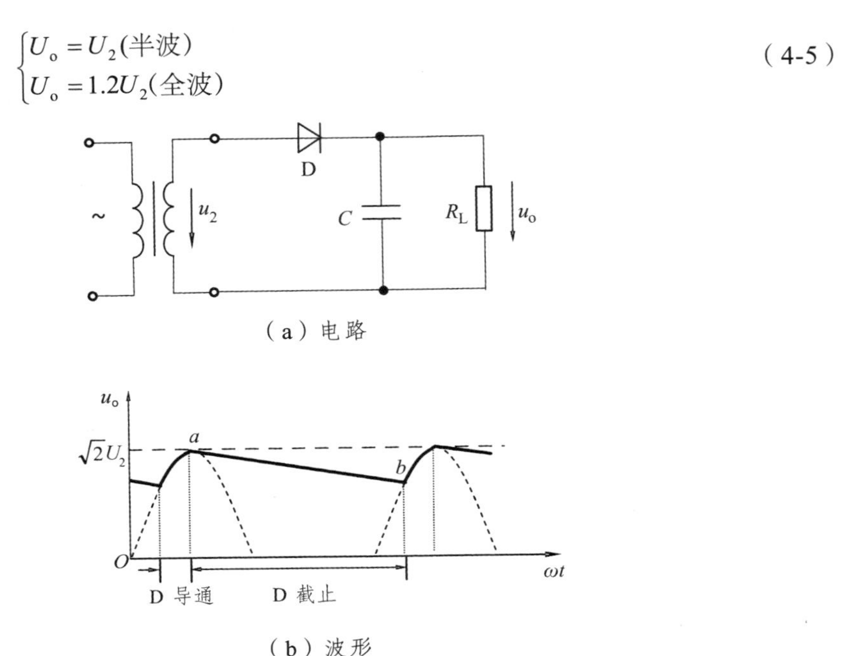

图 4-9 半波整流电容滤波及其波形

为了达到式（4-5）的取值关系，获得比较平直的输出电压，一般要求 $R_L\geqslant(5\sim10)\dfrac{1}{\omega C}$，即

$$R_LC\geqslant(3\sim5)\frac{1}{T} \tag{4-6}$$

式中，T 为电源交流电压的周期。

此外，由于二极管的导通时间短（导通角小于 180°），而电容的平均电流为零，可见二极管导通时的平均电流和负载的平均电流相等，因此二极管的电流峰值必然较大，容易产生电流冲击，使管子损坏。

具有电容滤波的整流电路中的二极管，其最高反向工作电压对半波和全波整流电路来说是不相等的。在半波整流电路中，要考虑到的情况最严重的是输出端开路，电容器上充有 U_{2m}，而 u_2 处在负半周的幅值时，这时二极管承受了 $2\sqrt{2}U_2$ 的反向工作电压。它与无滤波电容时相比，增大了一倍。

对单相桥式整流电路而言，无论有无滤波电容，二极管的最高反向工作电压都是 $\sqrt{2}U_2$。

关于滤波电容值的选取应视负载电流的大小而定，一般在几十微法到几千微法。电容器耐压值应大于输出电压的最大值，通常采用极性电容器。

2. 电感滤波电路

在桥式整流电路和负载电阻 R_L 之间串入一个电感器 L，如图 4-10 所示。利用电感的储能作用可以减小输出电压的纹波，从而得到比较平滑的直流。当忽略电感器 L 的电阻时，负载上输出的平均电压和纯电阻（不加电感）负载相同，即

$$U_o = 0.9U_2 \tag{4-7}$$

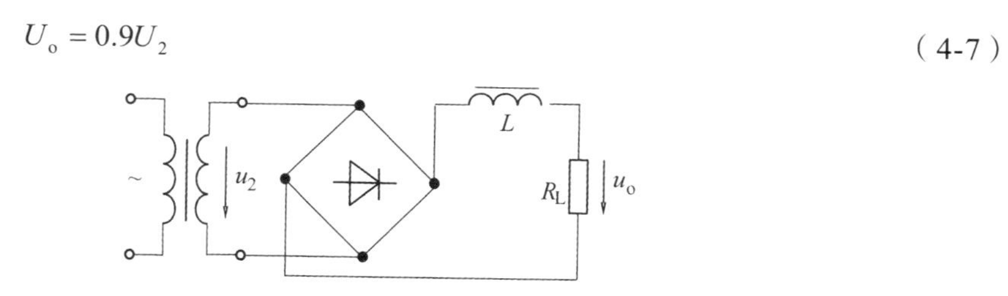

图 4-10　桥式整流电感滤波电路

电感滤波的特点是：整流管的导电角较大（电感 L 的反电势使整流管导电角增大），峰值电流很小，输出特性比较平坦。其缺点是由于铁芯的存在，导致其笨重、体积大，易引起电磁干扰。一般只适用于大电流的场合。

3. 复式滤波器

在滤波电容 C 之前串联一个电感 L 构成了 LC 滤波电路，如图 4-11（a）所示。这样可使输出至负载 R_L 上的电压的交流成分进一步降低。该电路适用于高频或负载电流较大并要求脉动很小的电子设备中。

为了进一步提高整流输出电压的平滑性，可以在 LC 滤波电路之前再并联一个滤波电容 C_1，如图 4-11（b）所示。这就构成了 ΠLC 滤波电路。

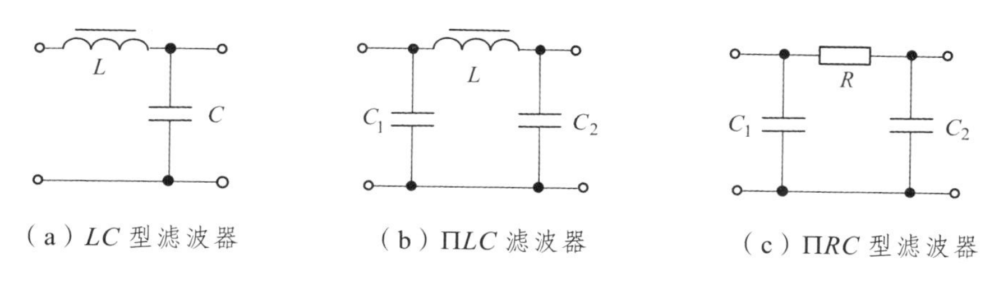

（a）LC 型滤波器　（b）ΠLC 滤波器　（c）ΠRC 型滤波器

图 4-11　复式滤波电路

由于带有铁芯的电感线圈体积大，造价也高，因此常用电阻 R 来代替电感 L，构成 ΠRC 滤波电路，如图 4-11（c）所示。只要适当选择 R 和 C_2 参数，在负载两端可以获得脉动极小的直流电压。该电路在小功率电子设备中被广泛采用。

（五）串联反馈式稳压电路

串联式稳压电路由基准电压、比较放大、输出电压取样电路和调整元件组成，如图 4-12 所示。

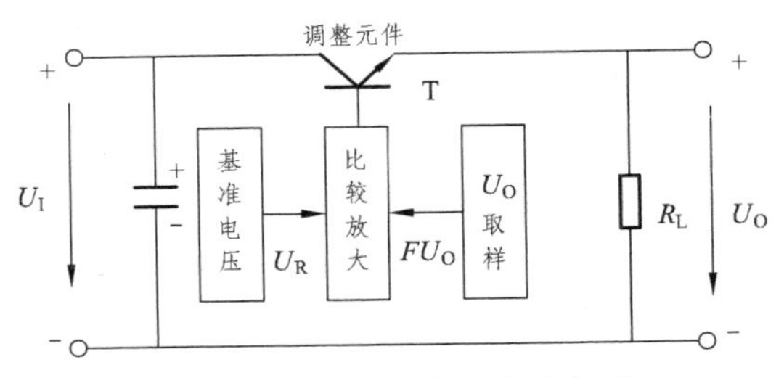

图 4-12　串联式稳压电路组成

因调整管与负载接成射极输出器形式，为深度串联电压负反馈，故称之为串联反馈式稳压电路。若因输入电压变化或负载变化而使 U_O 加大，比较放大电路则使 U_{B1} 变小，从而使 U_O 降低。如图 4-13 所示是一种实际的串联型稳压电路。

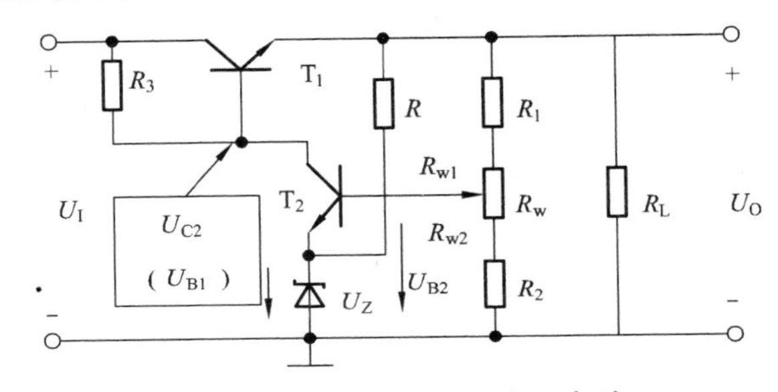

图 4-13　实际串联型稳压电路

当 U_I 增加或输出电流减小使 U_o 升高时，U_{B2} 上升，$U_{BE2}=(U_{B2}-U_Z)$ 也上升，$U_{C2}(U_{B1})$ 下降，U_O 也随着下降，从而起到自动调整输出电压的作用。电路中

$$U_Z+U_{BE2}=\frac{R_{W2}+R_2}{R_1+R_2+R_W}U_O \tag{4-7}$$

（六）稳压二极管的检测

1. 外观判别正负电极

从外形上看，金属封装稳压二极管管体的正极一端为平面形，负极一端为半圆面形。塑封稳压二极管管体上印有彩色标记的一端为负极，另一端为正极。如图 4-14 所示。

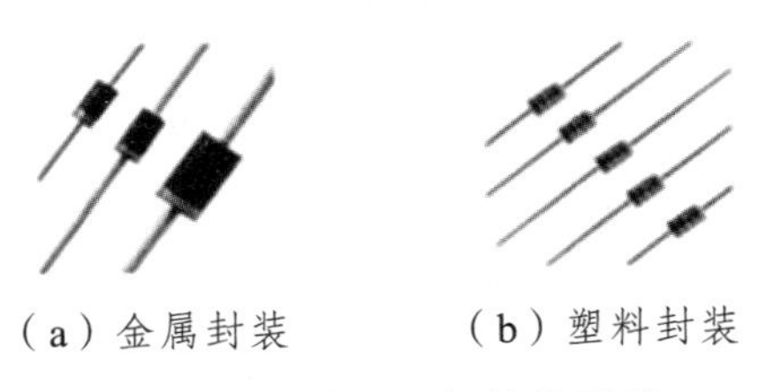

（a）金属封装　　（b）塑料封装

图 4-14　稳压二极管外形图

2. 用万用表检测正负极及判别好坏

与普通二极管相同，即用万用表 R×1 k 档，将两表笔分别接稳压二极管的两个电极，测出一个结果后，再对调两表笔进行测量。在两次测量结果中，阻值较小那一次，黑表笔接的是稳压二极管的正极，红表笔接的是稳压二极管的负极。若测得稳压二极管的正、反向电阻均很小或均为无穷大，则说明该二极管已击穿或开路损坏。

三、项目实施

1. 项目原理

本项目需要安装调试的串联型稳压电源的组成如图 4-15 所示，包括整流滤波、调整、比较放大、基准电压、取样几部分。其具体的电路原理图如图 4-16 所示。

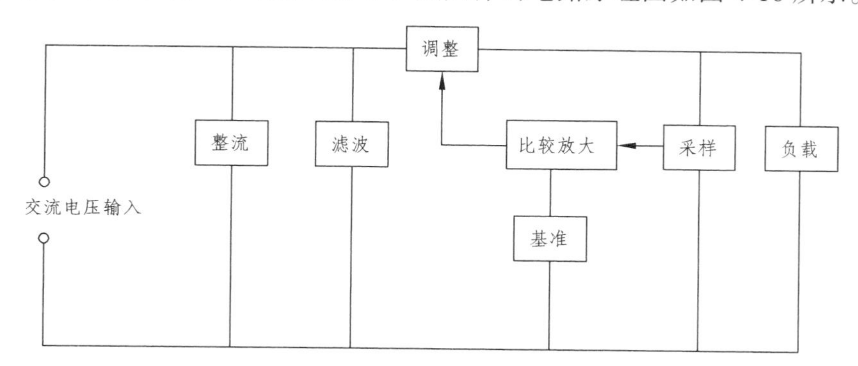

图 4-15 串联型稳压电源电路组成

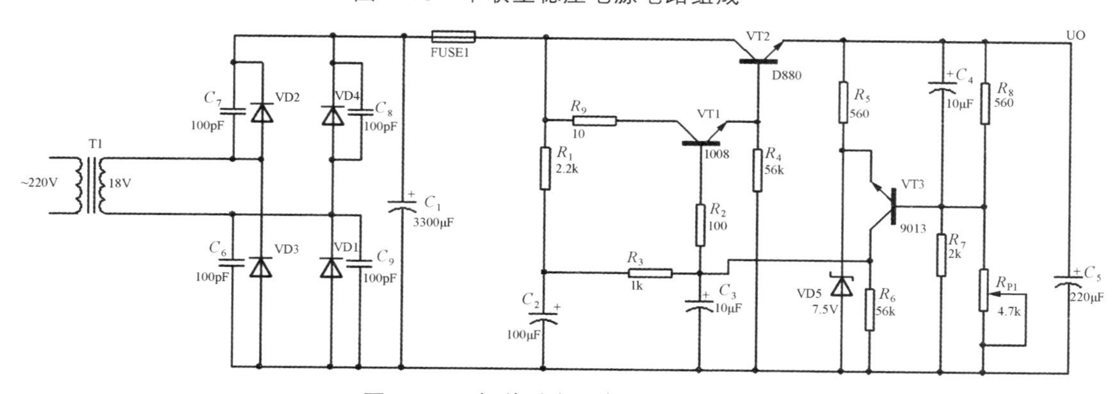

图 4-16 串联型稳压电源原理图

当电网电压变化或负载发生变化时，输出电压能基本保持不变，调整元件与负载 R_L 串联，故该电路为串联型稳压电路，由调整元件、比较放大、基准电压、取样电路四部分组成。

1）调整元件

调整管是由 VT1，VT2 组成的复合管，它等效于一只 NPN 管，可提高稳定性。

2）比较放大

输出电压的变化量是微弱的，它对调整管的控制作用也很弱，因此稳压效果不够好。在电路中增加了一个直流放大电路提高稳压质量。

3）基准电压

稳压二极管 VD5 和 R_5 组成稳压电路，为比较放大器提供基准电压。

4）取样电路

R_8，R_{P1} 组成电压电路，把电压变化的一部分作为输出电压的取样，送给比较放大管的基极，故又称为取样电路。电位器 R_{P1} 可以实现输出电压在一定范围内的连续可调。

2. 元器件的选择

本项目中市电通过调压器和变压器，输出 18 V 的交流电供给电路板，电路板主要由二极管、电解电容、三极管、电阻等组成。其元器件清单如表 4-4 所示。

表 4-4　元器件清单

序号	元件名称	元件标识	型号与参数	元件数量	序号	元件名称	元件标识	型号与参数	元件数量
1	电阻	R_1	2.2 k	1	9	电解电容	C_1	3300 uF	1
2	电阻	R_2	100	1	10	电解电容	C_2	100 uF	1
3	电阻	R_3	1 k	1	11	电解电容	C_3，C_4	10 uF	2
4	电阻	R_4，R_6	56 k	2	12	电解电容	C_5	220 uF	1
5	电阻	R_5，R_8	560	2	13	瓷片电容	C_6，C_7，C_8，C_9	100 pF	4
6	电阻	R_7	2 k	1	14	稳压管	VD5	7.5 V	1
7	可调电阻	R_{P1}	4.7 k	1	15	三极管	VT1	1008	1
8	保险丝	FUSE1		1	16	三极管	VT2	D880	1
					17	三极管	VT3	9013	1

3. 电路调试过程及注意点

在确保串联型稳压电源电路的元器件焊接无误的情况下，进行以下调试：

1）安全事项

（1）调压器的输入、输出为交流电（与市电相连），所以不能用手接触调压器的输入、输出端，以免触电。

（2）调压器的输入和输出端以及电源变压器的输入、输出端不要短接，以免烧坏变压器并引起跳闸。

2）空载测试（按图 4-17 连接好电路）

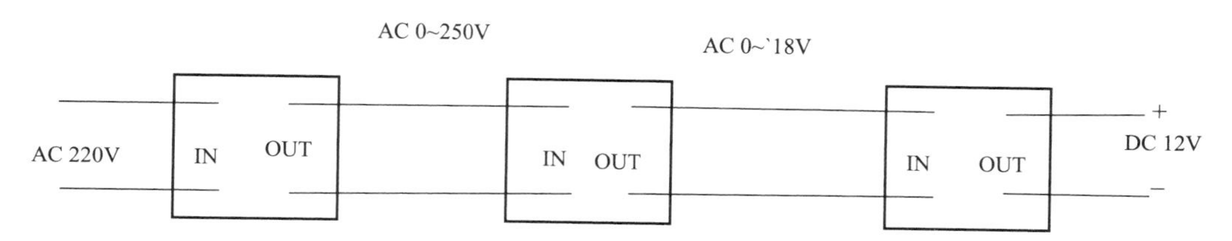

图 4-17　空载测试连线图

（1）将调压器输出电压定为 220 V（交流）。

（2）用数字万用表交流电压档测变压器的输出。

（3）用数字万用表直流电压档测电容 C8 两端的电压，即整流后的电压值。

（4）调试空载输出电压为 12 V，用数字万用表直流电压档测电路板输出（电容 C5 两端电压）并且根据输出电压来调整 R_{P1}，使得输出电压为（12 ± 0.2）V。

3）电流调整率测试

在输出端接入一负载，当输入 AC 220 V 时，在空载和负载的输出电流为 1 A 时，测输出端电压。图 4-18 为连接电路图。

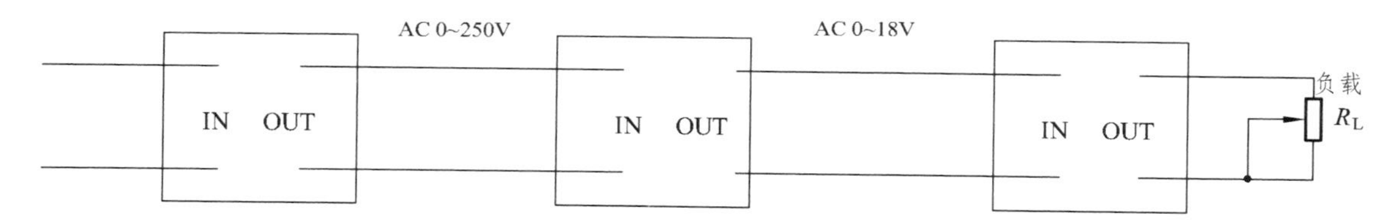

图 4-18　电路调整率连线图

（1）用万用表直流电流 DC 10 A 档串入负载回路，通电，调节负载电阻的滑臂使得读数为 1 A。

（2）用万用表直流电压档测负载两端电压。

（3）电流调整率的计算，是指电网电压不变时输出电流从零到最大值变化时，输出电压的相对变化量。即

$$\frac{U_1-U_2}{U_1}\times 100\% \tag{4-9}$$

式中，U_1 为空载时输出电压；U_2 为负载电流 1 A 时的输出电压。

4）电压调整率的测试

电压调整率是指额定负载不变时，电网电压变化 10%，输出电压的相对变化量，即

$$\frac{U_3 - U_1}{U_2} \times 100\% \qquad (4\text{-}10)$$

式中，U_3 为调压器输出电压 242 V 时的输出直流电压；U_2 为调压器输出电压 220 V 时的输出直流电压；U_1 为调压器输出电压 198 V 时的输出直流电压。

从电压调整率公式可以看出 $U_3 \sim U_1$ 越小越好，也就是调整率越小。

测试数据均填入表 4-5 中。

表 4-5　串联型稳压电源电路调试记录

<table>
<tr><td rowspan="2">空　载</td><td>变压器输入电压</td><td>变压器输出电压</td><td>整流后电压</td><td>稳压后电压</td></tr>
<tr><td>V</td><td>V</td><td>V</td><td>V</td></tr>
<tr><td rowspan="3">电压调整率</td><td>电源输入电压</td><td>198 V</td><td>220 V</td><td>242 V</td></tr>
<tr><td>稳压输出电压</td><td>V</td><td>V</td><td>V</td></tr>
<tr><td colspan="4">电压调整率计算：</td></tr>
<tr><td rowspan="3">电流调整率</td><td>输出电流</td><td>空载</td><td colspan="2">100～150 mA</td></tr>
<tr><td>输出电压</td><td></td><td colspan="2"></td></tr>
<tr><td colspan="4">电流调整率计算：</td></tr>
<tr><td colspan="5">故障分析与处理情况：</td></tr>
</table>

4. 项目评价

本项目的考核通过“过程考核和综合考核相结合，理论和实际考核相结合，教师评价和学生自评、互评相结合”的原则，实行过程监控的考核体系。表 4-6 中有本任务中需要考核的内容及要求、所占的分值等，在具体评价时各位老师可根据需要确定评价考核的方式。

表 4-6 串联型直流稳压电路评价表

考核项目	考核内容及要求	分值	学生自评	小组评分	教师评分
项目资讯掌握情况	① 能正确识别变压器、电容、二极管、色环电阻等元件 ② 能分析、选择、正确使用上述元器件 ③ 能分析电路工作原理 ④ 能查找资料了解直流稳压电源的特点	25			
电路制作	① 能详细列出元件、工具、耗材及使用仪器仪表清单 ② 能制定详细的实施流程与电路调试步骤 ③ 电路板设计制作合理，元件布局合理，焊接规范 ④ 能正确使用仪器仪表	25			
电路调试	① 能正确调试串联型稳压电源电路，使之产生 12 V 电压 ② 能正确判断电路故障原因并及时排除故障	15			
项目报告书完成情况	① 语言表达准确、逻辑性强 ② 格式标准、内容充实、完整 ③ 有详细的项目分析、制作调试过程及数据记录	15			
职业素养	① 学习、工作积极主动，遵时守纪 ② 团结协作精神好 ③ 踏实勤奋、严谨求实	10			
安全文明操作	① 严格遵守操作规程 ② 安全操作无事故	10			
总　分					

四、项目总结及思考

本项目我们完成了分立元件串联型稳压电源电路的制作与调试，项目制作及调试过程中要注意调压器和变压器的安全操作，取样电路中电位器的调节方法。在完成项目的制作和调试的基础上，思考以下问题：

（1）除了用分立元件组成可调稳压电源外，还可以用其他集成元件来完成吗？

（2）要输出多个稳定电压的稳压电源如何实现？

项目五　助听器的安装与调试

一、项目描述

助听器是帮助人耳聆听的工具。它是一种提高声音强度的装置，可帮助某些听力障碍患者充分利用残余听力，进而补偿聋耳的听力损失。作为一种听力康复手段，它不能使听力障碍患者的听力恢复至正常，但能将声音放大到患者能够听见的水平，帮助听力障碍患者更好地与人交流。本项目要求完成助听器的安装和调试。达到以下教学目标：

【知识目标】

1. 了解电子产品制作流程。

2. 熟悉助听器的组成和主要性能指标。

3. 理解助听器放大电路的工作原理。

【技能目标】

1. 正确认识助听器电路图。

2. 熟悉电子产品焊接、装配与调试的过程。

3. 了解助听器的制作过程和注意事项，学会相关元器件的判别。

4. 熟悉助听器电路的检测和故障处理方法。

二、项目资讯

（一）简易助听器电路介绍

助听器名目繁多，但所有电子助听器的工作原理是一样的。任何助听器都包括 6 个基本结构。

（1）话筒（传声器或麦克风），接收声音并把它转化为电波形式，即把声能转化为电能。

（2）放大器，放大电信号（晶体管放大线路）。

（3）耳机（受话器），把电信号转化为声信号（即把电能转化为声能）。

（4）耳模（耳塞），置入外耳道。

（5）音量控制开关，调节音量。

（6）电源，供放大器用的干电池。

助听器除有上述 6 部件外，大多数型号的助听器还有 3 个附件，或称 3 个附加电路（音调控制、感应线圈、输出限制控制）。现代电子助听器是一个放大器，它的功能是增加声能强度并尽可能不失真地传入耳内。因声音的声能不能直接放大，故有必要将其转换为电信号，放大后再转换为声能。输入换能器由传声器（麦克风或话筒）、磁感线圈等部分组成。其作用是将输入声能转换为电能传至放大器；放大器将输入电信号放大后，再传至输出换能器。输出换能器由耳机或骨导振动器构成，其作用是把放大的信号由电能再转换为声能或动能输出。电源是供给助听器工作能量不可缺少的部分，另外还设有削峰（PC）或自动增益控制（AGC）装置，以适合各种不同程度耳聋病人的需要。

如图 5-1 所示为一个简易助听器电路，电路由拾音器 MIC、高增益传声器放大电路及耳机构成。电路中的拾音器 MIC 用来拾取微弱语音信号，并经电容 C_1 耦合至前置放大电路。晶管 VT_1、VT_2 及电阻 R_2、R_3 等组成高增益传声器前置放大电路，对信号进行放大并送入后级放大器，耳机再将放大后的电信号还原为声音。助听器的工作电压为 1.5 V，采用 5 号电池供电。

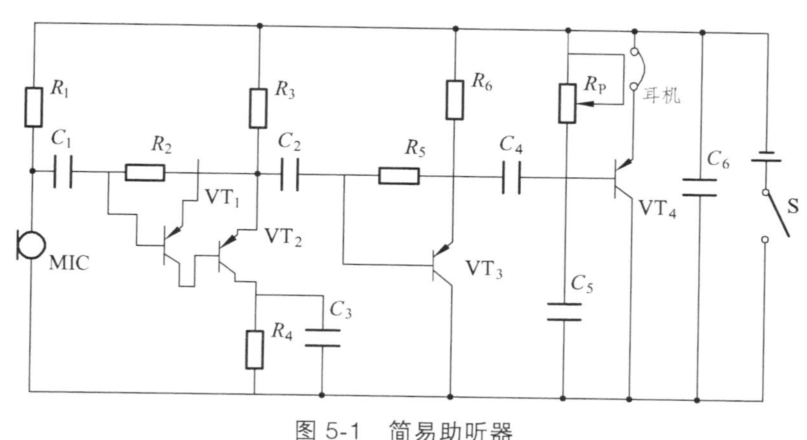

图 5-1　简易助听器

（二）数字式万用表测量三极管

1. 基极和管型的判别

如图 5-2 所示，将数字万用表拨至二极管档，红表笔固定任接某个引脚，用黑表笔依次接触另外两个引脚，如果两次显示值均小于 1 V 或都显示溢出符号“1”，则红表笔所接的引脚就是基极 B。如果在两次测试中，一次显示值小于 1 V，另一次显示溢出符号“1”，表明红表笔接的引脚不是基极 B，此时应改换其他引脚重新测量，直到找出基极 B 为止。

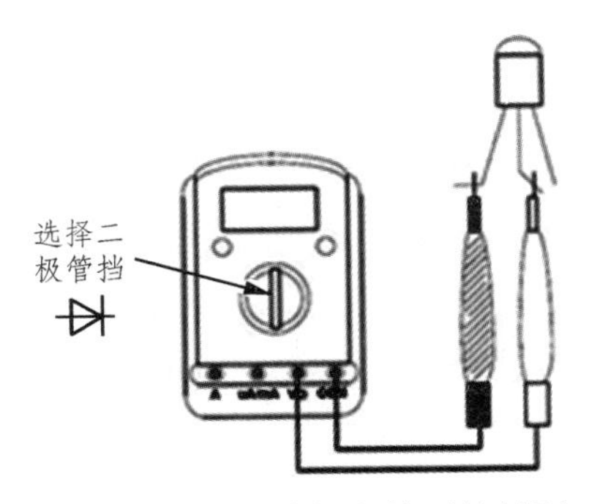

图 5-2　三极管基极和管型的判别

按上述操作确认基极 B 之后，将红表笔接基极 B，用黑表笔先后接触其他两个引脚。如果都显示 0.500 ~ 0.800 V，则被测管属于 NPN 型；若两次都显示溢出符号“1”，则表明被测管属于 PNP 管。

2. 集电极 C 与发射极 E 的判断

以 NPN 型三极管为例，将万用表打到“MΩ”档，将红表笔接到假设的集电极 C 上，并且用手握住 B 极和 C 极（B 极和 C 极不能直接接触），如图 5-3 所示，通过人体，相当于在 B，C 之间接入了偏置电阻。读出万用表所示 C，E 间的电阻值。然后将红、黑表笔反接重测。若第一次电阻比第二次电阻小（第二次电阻接近无穷大），表明原来的假设是成立的，即红表笔所接的是集电极 C，黑表笔接的是发射极 E。

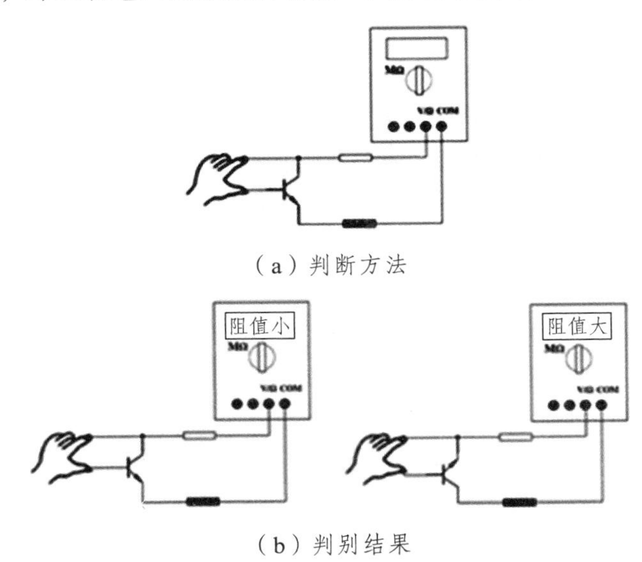

（a）判断方法

（b）判别结果

图 5-3　C，E 极的判断

鉴别区分晶体管的集电极 C 与发射极 E，还可以使用数字万用表的 hFE 档。如果假设被测管是 NPN 型管，则将数字万用表拨至 hFE 档，使用 NPN 插孔。把基极 B 插入 B 孔，剩下两个引脚分别插入 C 孔和 E 孔中。若测出的 hFE 为几十至几百，说明管子属于正常接法，放大能力较强，此时 C 孔插的是集电极 C，E 孔插的是发射极 E。若测出的 hFE 值只有几至十几，则表明被测管的集电极 C 与发射极 E 插反了，这时 C 孔插的是发射极 E，E 孔插的是集电极 C。为了使测试结果更可靠，可将基极 B 固定插在 B 孔不变，把集电极 C 与发射极 E 调换复测 1～2 次，以仪表显示值大（几十至几百）的一次为准，C 孔插的引脚即是集电极 C，E 孔插的引脚则是发射极 E。

3. 三极管好坏的判别

判别三极管的好坏，只要检查一下三极管的 PN 结是否损坏。通过万用表测量其发射极、集电极的正向电压和反向电压来判定。如果测得的正向电压与反向电压相似且几乎为零，说明三极管已经短路；如果测得的正向电压为“OL”，说明三极管已经断路。

（三）驻极体话筒的检测

驻极体话筒具有体积小、频率范围宽、高保真和成本低的特点，目前，已在通信设备、家用电器等电子产品中广泛应用。我们以指针式万用表为例，介绍快速判断驻极体话筒的极性、检测驻极体话筒的好坏及性能的具体方法。

1. 极性的判别

由于驻极体话筒内部场效应管的漏极 D 和源极 S 直接作为话筒的引出电极，所以只要判断出漏极 D 和源极 S，就不难确定出驻极体话筒的电极。如图 5-4 所示，将万用表拨至“R×100”或“R×1 k”电阻档，黑表笔接任意一极，红表笔接另外一极，读出电阻值数；对调两表笔后，再次读出电阻值数，并比较两次测量结果，阻值较小的一次中，黑表笔所接应为源极 S，红表笔所接应为漏极 D。进一步判断：如果驻极体话筒的金属外壳与所检测出的源极 S 电极相连，则被测话筒应为两端式驻极体话筒，其漏极 D 电极应为“正电源/信号输出脚”，源极 S 电极为“接地引脚”；如果话筒的金属外壳与漏极 D 相连，则源极 S 电极应为“负电源/信号输出脚”，漏极 D 电极为“接地引脚”；如果被测话筒的金属外壳与源极 S、漏极 D 电极均不相通，则为三端式驻极

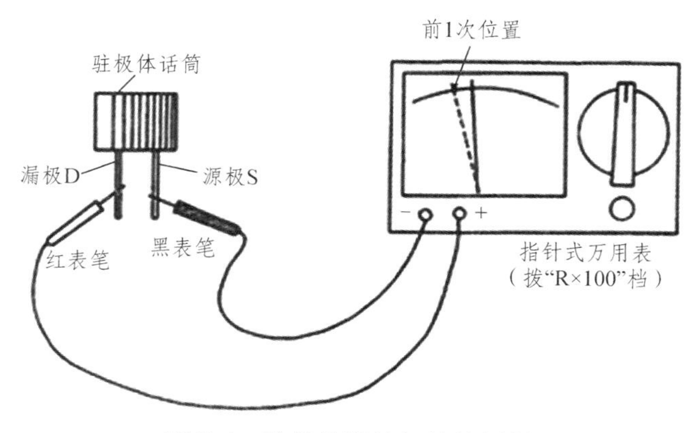

图 5-4　驻极体话筒极性的判断

体话筒，其漏极 D 和源极 S 电极可分别作为“正电源引脚”和“信号输出脚”（或“信号输出脚”和“负电源引脚”），金属外壳则为“接地引脚”。

2. 好坏的判别

在上面的测量中，驻极体话筒正常测得的电阻值应该是一大一小。如果正、反向电阻值均为∞，则说明被测话筒内部的场效应管已经开路；如果正、反向电阻值均接近或等于 0 Ω，则说明被测话筒内部的场效应管已被击穿或发生了短路；如果正、反向电阻值相等，则说明被测话筒内部场效应管栅极 G 与源极 S 之间的晶体二极管已经开路。

三、项目实施

1. 助听器的工作原理

本电路由话筒、前置低放、功率放大电路和耳机等部分组成。原理电路图如图 5-5 所示。

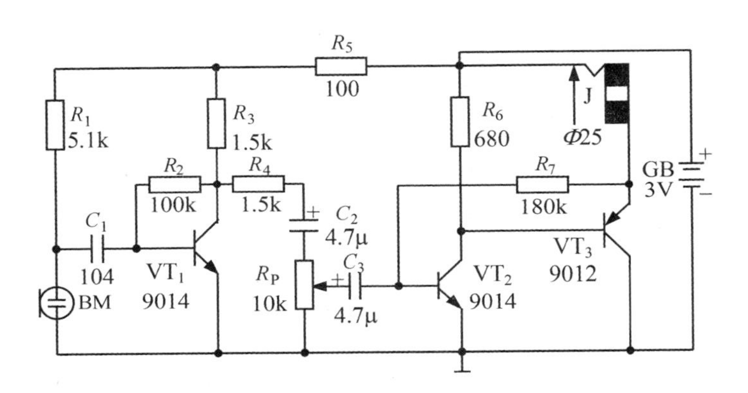

图 5-5 助听器电路原理图

驻极体话筒 BM 作换能器，它可以将声波信号转换为相应的电信号，并通过耦合电容 C_1 送至前置低放进行放大，R_1 是驻极体话筒 BM 的偏置电阻，即给话筒正常工作提供偏置电压。

VT_1，R_2，R_3 等元件组成前置低频放大电路，将经 C_1 耦合来的音频信号进行前置放大，放大后的音频信号经 R_4，C_2 加到电位器 R_P 上，电位器 R_P 用来调节音量用。VT_2，VT_3 组成功率放大电路，将音频信号进行功率放大，并通过耳机插孔推动耳机工作。

2. 元器件的选择

BM 是驻极体话筒，它有两个电极：一个叫漏极，用字母“D”表示；一个叫源极，用字母“S”表示，两个电极之间电阻为 2 kΩ 左右，用万用表 R×1 k 档测两个电极，并对着话筒正面轻轻吹气，它的阻值将随之增大，这说明此话筒性能良好，万用表指针摆动的范围越大，话筒灵敏度越高。

VT_1，VT_2采用 NPN 型的 9014 三极管，VT_3采用 PNP 型的 9012 三极管。其他元件及配件见元件清单如表 5-1 所示。

表 5–1　助听器元件清单表

序号	名　称	标识	型号与参数	数量	序号	名　称	标识	型号与参数	数量
1	三极管	VT_1，VT_2	9014	2	7	电　阻	R_6	680	1
2	三极管	VT_3	9012	1	8	电　阻	R_7	180 k	1
3	电　阻	R_1	5.1 k	1	9	瓷片电容	C_1	104	1
4	电　阻	R_3，R_4	1.5 k	2	10	电解电容	C_3	4.7 μ	2
5	电　阻	R_2	100 k	1	11	驻极体	BM		1
6	电　阻	R_5	100	1	12	可调电阻	R_P	10 k	1

3. 电路调试过程及注意点

（1）上电之前检查焊接情况，查看电路是否短路，准确无误后加上规定的 3 V 直流电压。

（2）当对传声器喊话时，用示波器观测是否有信号输出，此时输出应为较弱的不规则信号。

（3）如果传声器输出信号正常，则将第一级放大信号用示波器观测，然后与传声器输出信号对比是否有失真放大。

（4）如果以上正常，则再将第二级放大后的信号用示波器进行观测，与前一级信号对比是否有失真放大。

4. 项目评价

本项目的考核通过“过程考核和综合考核相结合，理论和实际考核相结合，教师评价和学生自评、互评相结合”的原则，实行过程监控的考核体系。表 5-2 有本任务需要考核的内容及要求、所占的分值等，在具体评价时各位老师可根据需要确定评价考核的方式。

表 5-2　助听器的评价表

考核项目	考核内容及要求	分值	学生自评	小组评分	教师评分
项目资讯掌握情况	① 能正确识别检测晶体管、传声器、电阻器及电容器等电子元件 ② 能分析、选择、正确使用上述元器件 ③ 能熟练掌握晶体管的输入、输出特性 ④ 能熟练掌握三种基本放大电路的工作原理并进行分析 ⑤ 能分析计算助听器电路参数指标	25			

续表

考核项目	考核内容及要求	分值	学生自评	小组评分	教师评分
电路制作	① 能详细列出元件、工具、耗材及使用仪器仪表清单 ② 能制定详细的实施流程与电路调试步骤 ③ 电路板设计制作合理，元件布局合理，焊接规范 ④ 能正确使用仪器仪表	25			
电路调试	① 能正确测量出助听器电路的技术指标 ② 能正确判断电路故障原因并及时排除故障	15			
项目报告书完成情况	① 语言表达准确、逻辑性强 ② 格式标准、内容充实、完整 ③ 有详细的项目分析、制作调试过程及数据记录	15			
职业素养	① 学习、工作积极主动，遵时守纪 ② 团结协作精神好 ③ 踏实勤奋、严谨求实	10			
安全文明操作	① 严格遵守操作规程 ② 安全操作无事故	10			
总　分					

四、项目总结及思考

本项目我们完成了助听器的安装与调试，项目内容比较简单，主要注意三极管、驻极体的正确安装，三极管极性的判别。在完成项目的安装与调试的基础上，思考以下问题：

（1）传声器不能输出信号的原因可能是哪几种？

（2）耳机接口处有信号输出，但是听不到声音，可能的原因是什么？

项目六　集成功率放大器的安装与调试

一、项目描述

功率放大器（英文名称：power amplifier），简称“功放”，是指在给定失真率条件下，能产生最大功率输出以驱动某一负载（例如扬声器）的放大器。功率放大器在整个音响系统中起到了“组织、协调”的枢纽作用，在某种程度上决定着整个系统能否提供良好的音质输出。本项目的任务是完成功率放大器的安装和调试。要达到以下教学目标：

【知识目标】

1. 了解功率放大电路的基本组成及其主要性能指标。
2. 熟悉功率放大器的主要特点及其分类。
3. 熟悉功率放大电路的工作原理。
4. 熟悉常用集成电路的应用。

【技能目标】

1. 学会独立查阅元器件的资料。
2. 能够对集成功率放大器 TDA2 进行识别和选取。
3. 能够识读电路图，并按照电路图进行电路接线。
4. 完成集成功率放大器电路的安装与调试。

二、项目资讯

世界上自 1967 年研制成功第一块音频功率放大器集成电路以来，在短短几十年的时间内，其发展速度是惊人的。目前约 95% 以上的音响设备上的音频功率放大器都采用了集成电路。据统计，音频功率放大器集成电路的产品品种已超过 300 种。从输出功率容量来看，已从不到 1 W 的小功率放大器，发展到 10 W 以上的中功率放大器，直到 25 W 的厚膜集成功率放大器；从电路的结构来看，已从单声道的单路输出集成功率放大器发展到双声道立体声的二重双路输出集成功率放大器；从电路的功能来看，已从一般的 OTL 功率放大器集成电路发展到具有过压保护电路、过热保护电路、负载短路保护电路、电源浪涌过冲电压保护电路、静噪声抑制电路、电子滤波电路等功能更强的集成功率放大器。

（一）LM386 集成功率放大器

1. LM386 简介

LM386 的外形和管脚排列如图 6-1 所示。它是 8 脚 DIP 封装，消耗的静态电流约为 4 mA，是应用电池供电的理想器件。该集成功率放大器同时还提供电压增益放大，其电压增益通过外部连接的变化可在 20 ~ 200 范围内调节。其供电电源电压范围为 4 ~ 15 V，在 8 Ω 负载下，最大输出功率为 325 mW，内部没有过载保护电路。其内部电路结构如图 6-2 所示。功率放大器的输入阻抗为 50 kΩ，频带宽度 300 kHz。

2. LM 386 外形与引脚排列

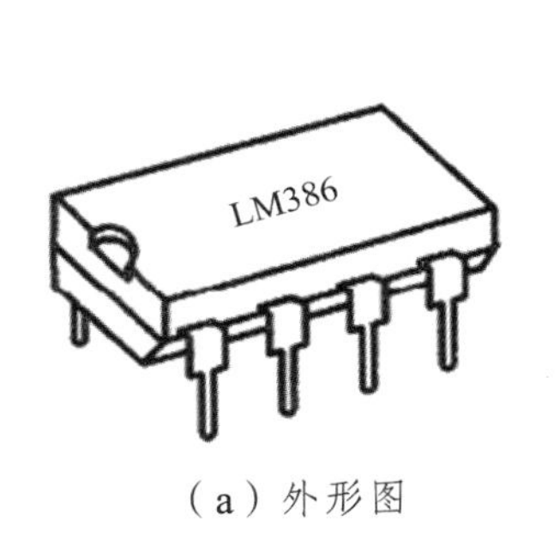

（a）外形图

增益调节 去耦 电源 输出
8 7 6 5
LM386
1 2 3 4
增益调节 反相输入 同相输入 地

（b）引脚图

图 6-1 LM386 外形及管脚排列图

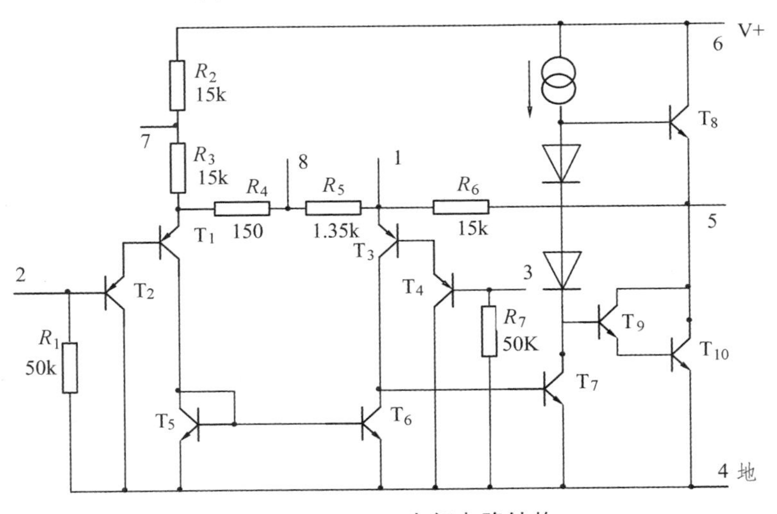

图 6-2 LM386 内部电路结构

3. LM386 的典型应用

LM386 使用非常方便。它的电压增益近似等于 2 倍的 1 脚和 5 脚电阻值除以 T1

和 T3 发射极间的电阻（图 6-2 中为 R_4+R_5）。图 6-3 是由 LM386 组成的最小增益功率放大器，总的电压增益为：$A_V=2\times\frac{R_6}{R_5+R_4}=2\times\frac{15\text{ k}}{0.15\text{ k}+1.35\text{ k}}=20$。$C_2$ 是交流耦合电容，将功率放大器的输出交流送到负载上，输入信号通过 R_w 接到 LM386 的同相端。C_1 电容是退耦电容，R_1-C_3 网络起到消除高频自激振荡的作用。

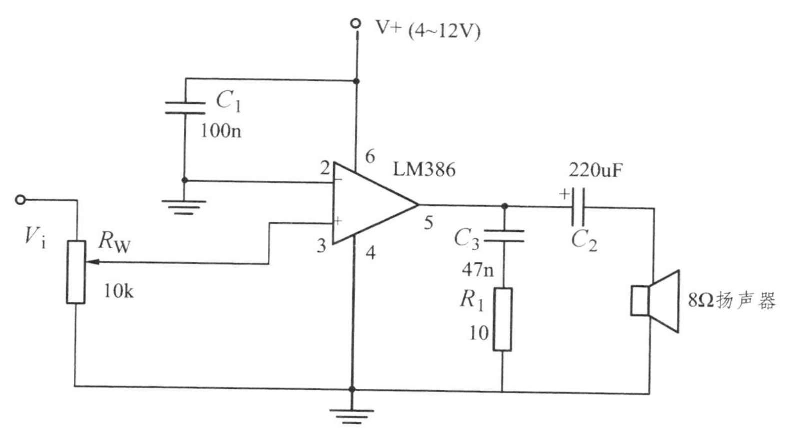

图 6-3　$A_V=20$ 的功率放大器

若要得到最大增益的功率放大器电路，可采用图 6-4 的电路。在该电路中，LM386 的 1 脚和 8 脚之间接入一个电解电容器，则该电路的电压增益将变为最大：

$$A_V=2\times\frac{R_6}{R_4}=2\times\frac{15\text{ k}}{0.15\text{ k}}=200 \tag{6-1}$$

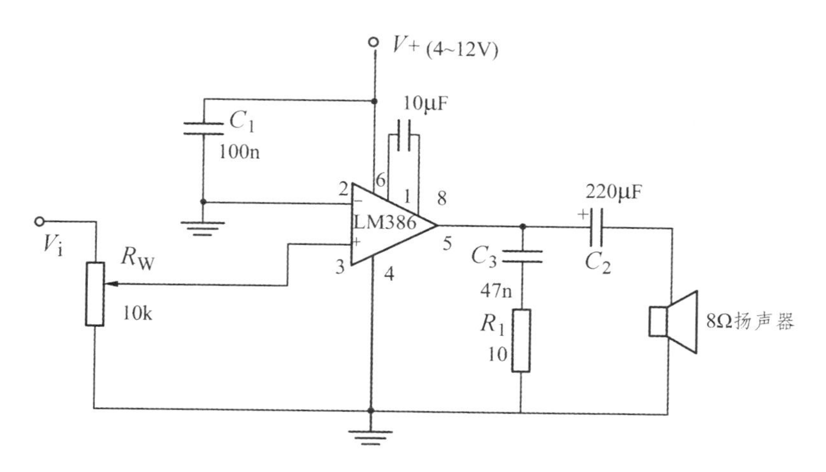

图 6-4　$A_V=200$ 的功率放大器

电路中其他元件的作用与图 6-3 的作用一样。若要得到任意增益的功率放大器，可采用图 6-5 所示电路。该电路的电压增益为在给定参数下，该功率放大器的电压增益为 50。

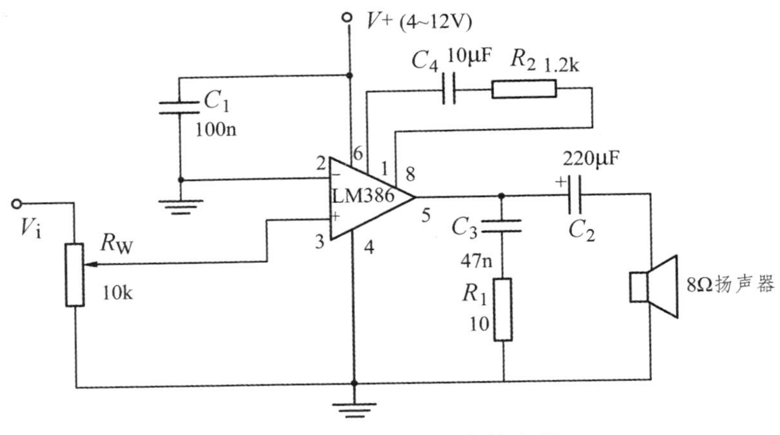

图 6-5　$A_V = 50$ 的功率放大器

（二）TDA2030 集成功率放大器

1. TDA2030 简介

TDA2030 引脚数最少、外接元件很少，电气性能稳定、可靠，适应长时间连续工作，且芯片内部具有过载保护和热切断保护电路。其管脚排列如图 6-6 所示。有两个信号输入端，1 脚为同相输入端，2 脚为反相输入端，输入端的输入阻抗在 500 kΩ 以上。

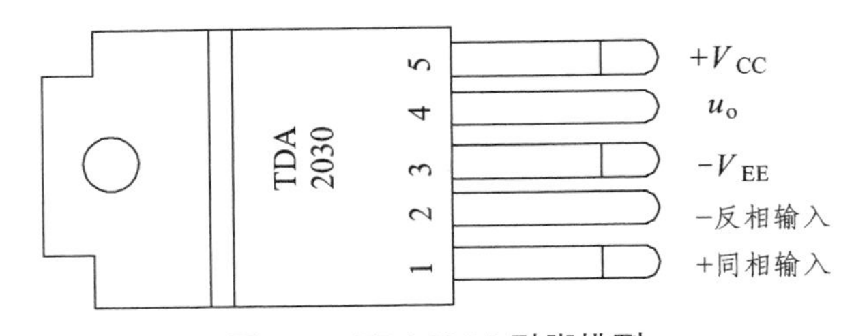

图 6-6　TDA2030 引脚排列

2. TDA2030 应用电路

TDA2030 在电源电压 ± 14 V，负载电阻为 4 Ω 时输出 14 W 的功率（失真度≤0.5%）；在电源电压 ± 16 V，负载电阻为 4 Ω 时输出 18 W 的功率（失真度≤0.5%）。其电源电压为 ± 6 ~ ± 18 V，输出电流大，谐波失真和交越失真小（ ± 14 V/4 Ω，*THD* = 0.5%），具有优良的短路和过热保护电路。其接法分单电源和双电源两种，如图 6-7 所示。

如图 6-8 所示是由 TDA2030 组成的音频功放电路，该电路由左右两个声道组成，其中 W101 为音量调节电位器，W102 为低音调节电位器，W103 为高音调节电位器。输入的音频信号经音量和音调调节后由 C106，C206 送到 TDA2030 集成音频功率放大器进行功率放大。该电路工作于双电源（OCL）状态，音频信号由 TDA2030 的 1 脚（同

输入的音频信号经音量和音调调节后由 C106，C206 送到 TDA2030 集成音频功率放大器进行功率放大。该电路工作于双电源（OCL）状态，音频信号由 TDA2030 的 1 脚（同向输入端）输入，经功率放大后的信号从 4 脚输出，其中 R108，C107，R109 组成负反馈电路，它可以让电路工作稳定，R108 和 R109 的比值决定了 TDA2030 的交流放大倍数，R110，C108 和 R210，C208 组成高频移相消振电路，以抑制可能出现的高频自激振荡。

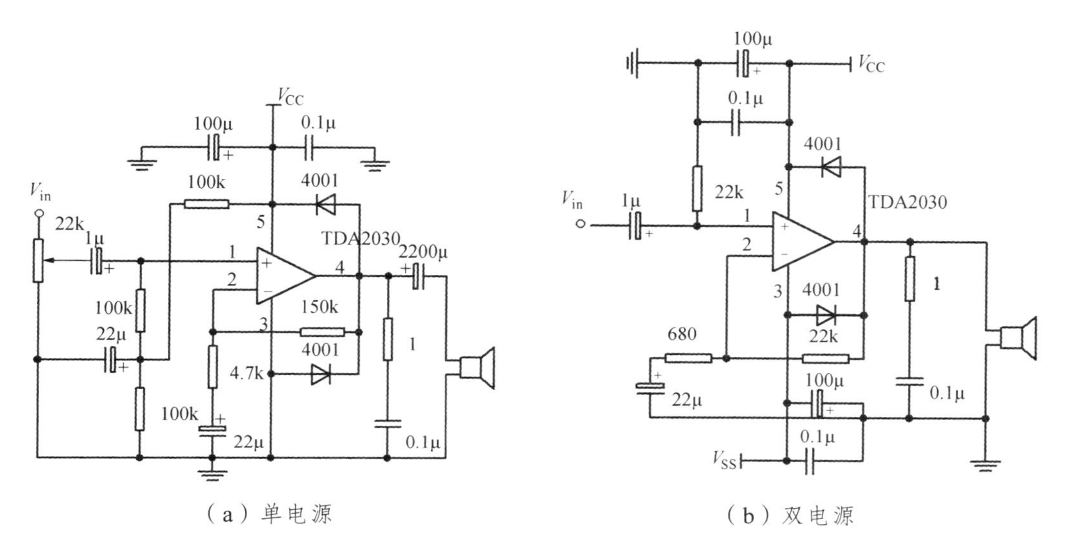

（a）单电源　　（b）双电源

图 6-7　TDA2030 的接法

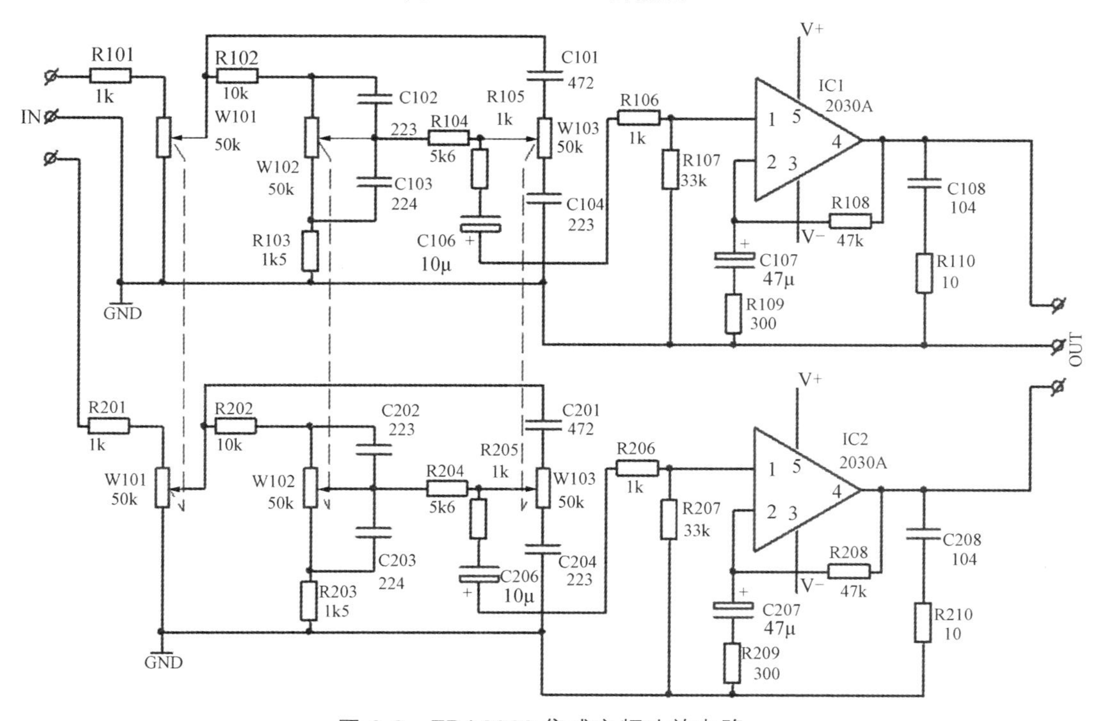

图 6-8　TDA2030 集成音频功放电路

（三）高功率集成功率放大器 TDA2006

TDA2006 集成功率放大器是一种内部具有短路保护和过热保护功能的大功率音频功率放大器集成电路。它的电路结构紧凑，引出脚仅有 5 只，补偿电容全部在内部，外围元件少，使用方便。不仅在录音机、组合音响等家电设备中采用，而且在自动控制装置中也有广泛使用。

1. TDA2006 简介

音频功率放大器集成电路 TDA2006 采用 5 脚单边双列直插式封装结构，图 6-9 是其外形和管脚排列图。1 脚是信号输入端子；2 脚是负反馈输入端子；3 脚是整个集成电路的接地端子，在作双电源使用时，即是负电源（$-V_{CC}$）端子；4 脚是功率放大器的输出端子；5 脚是整个集成电路的正电源（$+V_{CC}$）端子。TDA2006 集成功率放大器的性能参数见表 6-1。

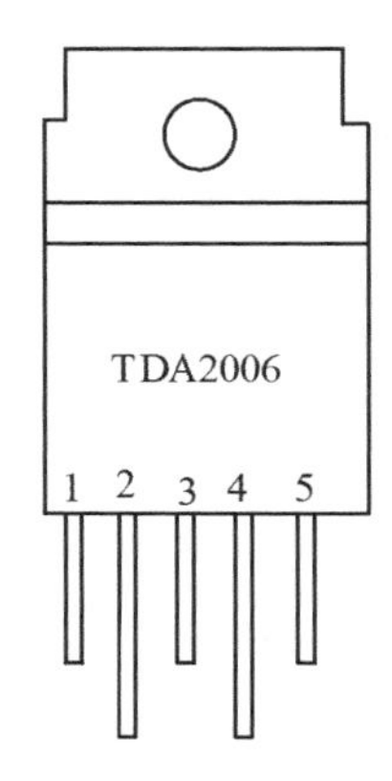

图 6-9　TDA2006 管脚排列图

表 6-1　TDA2006 的性能参数

参数名称	符号	单位	测试条件	规范		
				最小	典型	最大
电源电压	V_{CC}	V		±6 V		±15 V
静态电流	I_{CC}	mA	$V_{CC}=\pm15$ V		40	80
输出功率	P_0	W	$R_L=4$，$f=1$ kHz，$THD=10\%$		12	
			$R_L=8$，$f=1$ kHz，$THD=10\%$	6	8	
总谐波失真率	THD	%	$P_0=8$ W，$R_L=4$，$f=1$kHz		0.2	
频率响应	BW	Hz	$P_0=8$ W，$R_L=4$	40 ~ 140 000		
输入阻抗	R_i	MΩ	$f=1$ kHz	0.5	5	
电压增益（开环）	A_V	dB	$f=1$ kHz		75	
电压增益（闭环）	A_V	dB	$f=1$ kHz	29.5	30	30.5
输入噪声电压	e_N	μV	$BW=22$ Hz ~ 22 kHz，$R_L=4$		3	

2. TDA2006 音频集成功率放大器的典型应用

图 6-10 电路是 TDA2006 集成电路组成的双电源供电的音频功率放大器，该电路应用于具有正负双电源供电的音响设备。音频信号经输入耦合电容 C_1 送到 TDA2006 的同相输入端（1 脚），功率放大后的音频信号由 TDA2006 的 4 脚输出。由于采用了正、负对称的双电源供电，故输出端子（4 脚）的电位等于零，因此电路中省掉了大容量的输出电容。电阻 R_1，R_2 和电容器 C_2 构成负反馈网络，其闭环电压增益为：

$$A_{\mathrm{Vf}} \approx 1+\frac{R_1}{R_2}=1+\frac{22}{0.68} \approx 33.4 \tag{6-3}$$

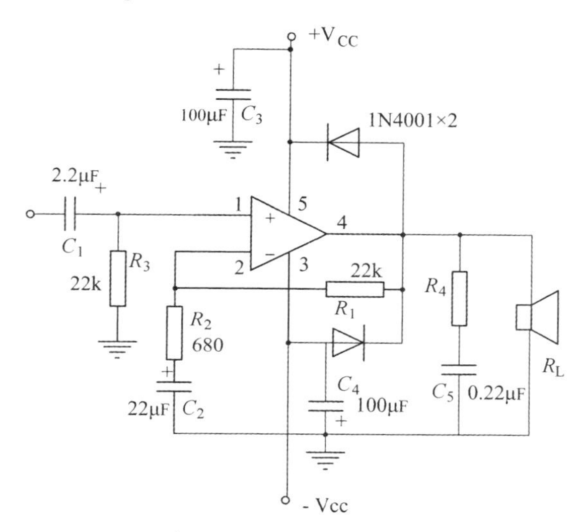

图 6-10　TDA2006 正负电源供电的功率放大器

电阻 R_4 和电容器 C_5 是校正网络，用来改善音响效果。两只二极管是 TDA2006 内大功率输出管的外接保护二极管。

在中、小型收、录音机等音响设备中的电源设置往往仅有一组，这时可采用图 6-11 所示的 TDA2006 工作在单电源下的典型应用电路。音频信号经输入耦合电容 C_1 输入 TDA2006 的输入端，功率放大后的音频信号经输出电容 C_5 送到负载 R_L 扬声器。电阻 R_1，R_2 和电容 C_2 构成负反馈网络，其电路的闭环电压放大倍数为：

$$A_{\mathrm{Vf}} \approx 1+R_1/R_2=1+150/4.7=32.9 \tag{6-4}$$

电阻 R_6 和电容 C_6 同样是用以改善音响效果的校正网络。电阻 R_4，R_5，R_3 和电容 C_7 用来为 TDA2006 设置合适的静态工作点，使 1 脚在静态时获得电位近似为 $1/2V_{\mathrm{CC}}$。

在大型收、录音机等音响设备中，为了得到更大的输出功率，往往采用一对功率放大器组成的桥式结构的功率放大器（即 BTL）。图 6-12 就是由两块 TDA2006 组成的桥式功率放大器，该放大器的最大输出功率可达 24 W。首先，音频信号经输入耦合电容 C_1 加到第一块集成电路 TDA2006 的同相输入端（1 脚），功率放大后的音频信

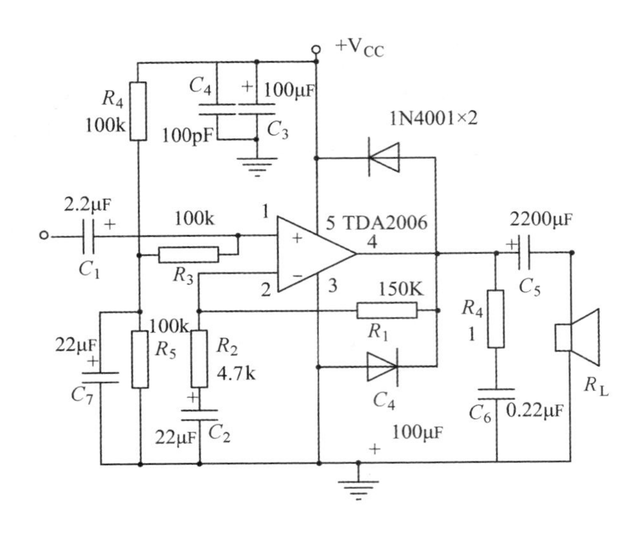

图 6-11　TDA2006 组成的单电源供电的功率放大器

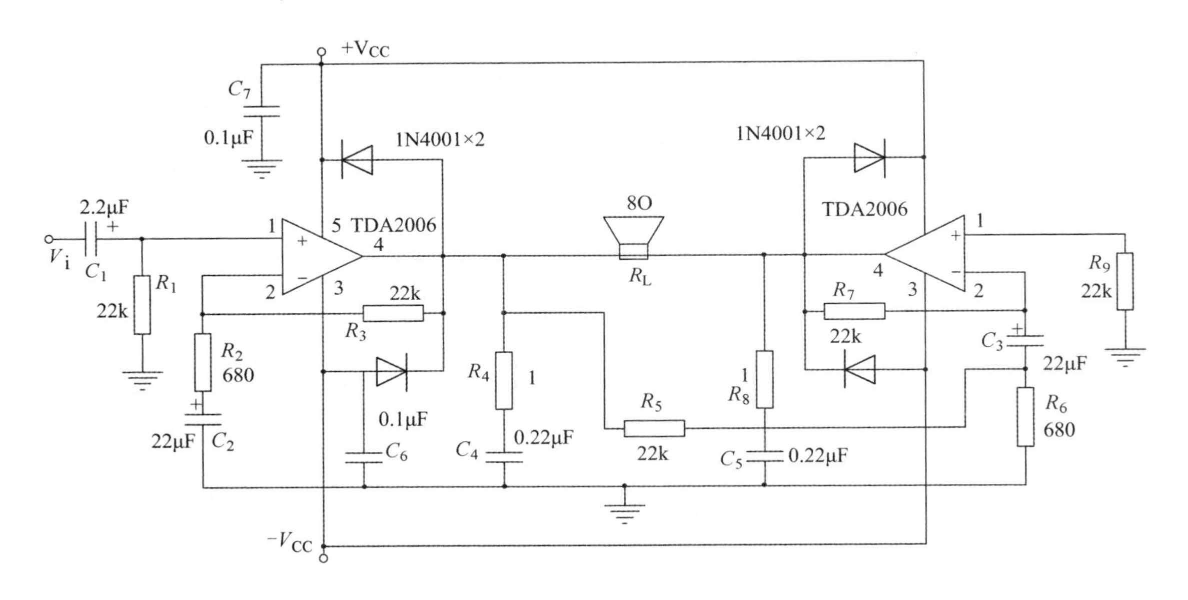

图 6-12　TDA2006 组成的 BTL 功率放大器

号由 IC1 的 4 脚直接送到负载 R_L 扬声器的一端，同时，该输出音频信号又经电阻 R_5，R_6 分压，由耦合电容 C_3 送到第二块集成 TDA2006 的反相端（IC2 的 2 脚）。经 IC2 放大后反相音频输出信号连接到负载 R_L 扬声器的另一端，由于 IC1，IC2 具有相同的闭环电压放大倍数，而电阻 R_5，R_6 的分压衰减比又恰好等于 IC2 的闭环电压放大倍数的倒数。所以 IC1 的输出与 IC2 的输出加到负载 R_L 扬声器两端的音频信号大小相等、相位相反，从而实现了桥式功率放大器的功能，在负载两端得到两倍的 TDA2006 输出功率大小。

三、项目实施

1. 项目原理说明

功率放大电路如图 6-13 所示，其核心部分是集成电路 TDA2030，它是一块高保真集成音频放大器，利用双电源供电，输入信号从同相输入端输入。

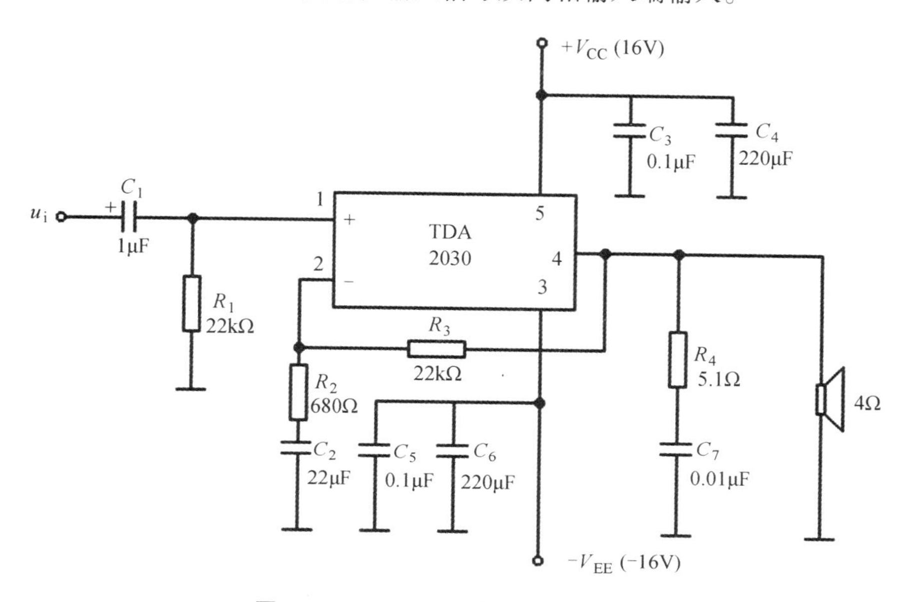

图 6-13　TDA2030 集成功率放大器

图中，C_1 为输入耦合电容，R_1 为 TDA2030 同相输入端偏置电阻。R_2，R_3，C_2 组成负反馈电路，其中 C_2 仅仅起到隔直通交的作用，使直流为 100% 的反馈，确保直流工作点稳定性好。而交流负反馈的强弱及闭环增益决定于 R_2，R_3 的阻值，该电路的闭环增益为 $(R_2+R_3)/R_2$。C_5，C_6 为电源低频退耦电容，C_3，C_4 为电源高频退耦电容。R_4 与 C_7 组成阻容吸收电路，用以避免电感性负载产生过电压击穿芯片内功率管。

2. 元器件的选择

集成功率放大器的元器件主要用到集成块 TDA2030、电容、电阻等。具体如表 6-2 所示。

表 6-2　元器件清单

序号	元件名称	元件标识	型号与参数	元件数量
1	电阻	R_1，R_3	22 kΩ	2
2	电阻	R_2	680 Ω	1
3	电阻	R_4	5.1 Ω	1
4	电容	C_1	1 μF	1

续表

序号	元件名称	元件标识	型号与参数	元件数量
5	电容	C_2	22 μF	1
6	电容	C_3，C_5	0.1 μF	2
7	电容	C_4，C_6	220 μF	2
8	电容	C_7	0.01 μF	1
9	功率放大器		TDA2030	1
10	扬声器		4 Ω	1

3. 电路调试过程及注意点

（1）仔细检查、核对电路与元器件，确认无误后接入规定的 ± 16 V 直流电压源及相应的音频信号（10 ~ 1 400 Hz）。

（2）用示波器观测 TDA2030④脚的输出信号与①脚的输入信号，对比有没有失真。

（3）对扬声器电路进行调试。

4. 项目评价

本项目的考核仍通过“过程考核和综合考核相结合，理论和实际考核相结合，教师评价和学生自评、互评相结合”的原则，实行过程监控的考核体系。表 6-3 中有本任务中需要考核的内容及要求、所占的分值等，在具体评价时各位老师可根据需要确定评价考核的方式。

表 6-3　集成功率放大器评价表

考核项目	考核内容及要求	分值	学生自评	小组评分	教师评分
项目资讯掌握情况	① 能正确识别 TDA2030、色环电阻、电容、直流电源等元件 ② 能分析、选择、正确使用上述元器件 ③ 能分析电路工作原理	25			
电路制作	① 能详细列出元件、工具、耗材及使用仪器仪表清单 ② 能制定详细的实施流程与电路调试步骤 ③ 电路板设计制作合理，元件布局合理，焊接规范 ④ 能正确使用仪器仪表	25			
电路调试	① 能正确调试集成功率放大电路 ② 能正确判断电路故障原因并及时排除故障	15			

续表

考核项目	考核内容及要求	分值	学生自评	小组评分	教师评分
项目报告书完成情况	① 语言表达准确、逻辑性强 ② 格式标准、内容充实、完整 ③ 有详细的项目分析、制作调试过程及数据记录	15			
职业素养	① 学习、工作积极主动，遵时守纪 ② 团结协作精神好 ③ 踏实勤奋、严谨求实	10			
安全文明操作	① 严格遵守操作规程 ② 安全操作无事故	10			
总　分					

四、项目总结及思考

本项目我们完成了集成功率放大电路的安装与调试，认识了集成功率放大器TDA2030管脚，学会了色环电阻、电容值的正确读取，顺利地完成了本项目。在完成项目的安装和调试的基础上，思考以下几个问题：

（1）TDA2030构成的功率放大器的放大倍数与哪些参数有关？

（2）计算本项目中集成功率放大器的放大倍数。

项目七　三人表决器的安装与调试

一、项目描述

在重大会议现场我们都会看到“表决器”的身影。表决器是投票系统中的客户端，是一种代表投票或举手表决的表决装置。表决时，与会的有关人员只要按动各自表决器上“赞成”“反对”“弃权”的某一按钮就能够在会议上表达自己的观点。本项目的任务是完成三人表决器的安装和调试。要达到以下教学目标：

【知识目标】

1. 熟记逻辑代数的基本定律和常用公式。
2. 掌握公式法和卡诺图法化简逻辑函数的方法。
3. 掌握逻辑门电路的逻辑功能与主要参数的测试和使用方法。
4. 熟练掌握三人表决电路的电路原理。

【技能目标】

1. 学会独立查阅元器件的资料，识别、选取电路元器件。
2. 掌握常用电路元器件的检测方法。
3. 能够识读三人表决器的电路图，并按照电路图进行电路接线。
4. 完成三人表决电路的安装与调试。

二、项目资讯

（一）逻辑电路设计方法

使用中、小规模集成电路来设计组合电路是最常见的逻辑电路设计方法。设计组合电路的一般步骤如图 7-1 所示。

① 根据逻辑功能要求，列真值表。

② 由真值表写出逻辑表达式。

③ 根据要求化简和变换逻辑函数表达式。

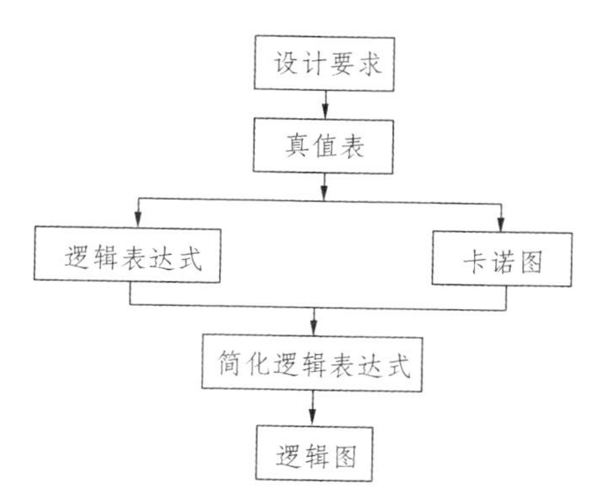

图 7-1 逻辑电路设计方法

④ 根据要求画出逻辑图。

⑤ 芯片选择，接成实物。

⑥ 分析并比较设计的优劣。

设计目标：电路简单，所用器件最少，可靠性好等。

（二）三人表决器设计分析

三人表决电路的要求是按“少数服从多数”的原则设计。具体分析如下。

① 设 A，B，C 分别为三人的意见。同意为逻辑“1”；不同意为逻辑“0”。L：表决结果。事件通过为逻辑“1”；没通过为逻辑“0”。真值表如表 7-1 所示。

表 7-1 三人表决器真值表

输入			输出
A	B	C	L
0	0	0	0
0	0	1	0
0	1	0	0
0	1	1	1
1	0	0	0
1	0	1	1
1	1	0	1
1	1	1	1

② 由真值表写出逻辑表达式：$L=\overline{A}BC+A\overline{B}C+AB\overline{C}+ABC$

（三）三人表决电路的设计方案

1. 只用 74LS00，74LS20 实现

$$L=\bar{A}BC+A\bar{B}C+AB\bar{C}+ABC=AB+BC+AC=\overline{\overline{AB}\cdot\overline{BC}\cdot\overline{AC}}$$

可选用 2 输入与门 74LS00 以及 4 输入与非门 74LS20 实现。其电路连接如图 7-2 所示。

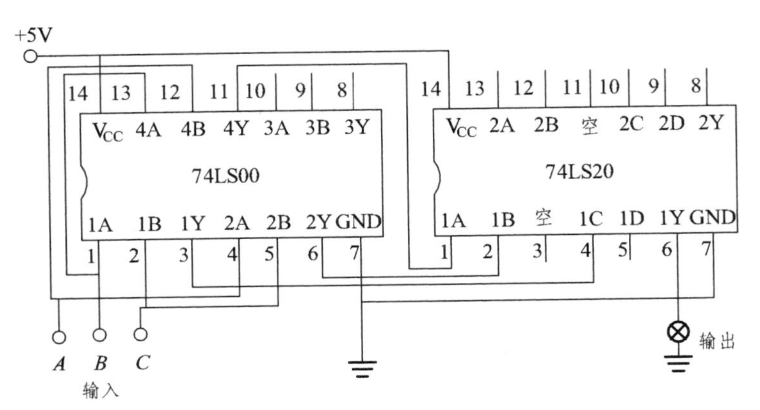

图 7-2　利用 74LS00 和 74LS20 实现三人表决器

2. 用 74LS138 和 74LS20 实现

$$L=\bar{A}BC+A\bar{B}C+AB\bar{C}+ABC$$

$$=\overline{\overline{\bar{A}BC}\cdot\overline{A\bar{B}C}\cdot\overline{AB\bar{C}}\cdot\overline{ABC}}$$

$$=\overline{\bar{Y}_3\cdot\bar{Y}_5\cdot\bar{Y}_6\cdot\bar{Y}_7}$$

用译码器 74LS138 和与非门 74LS20 的实物接线图如图 7-3 所示。

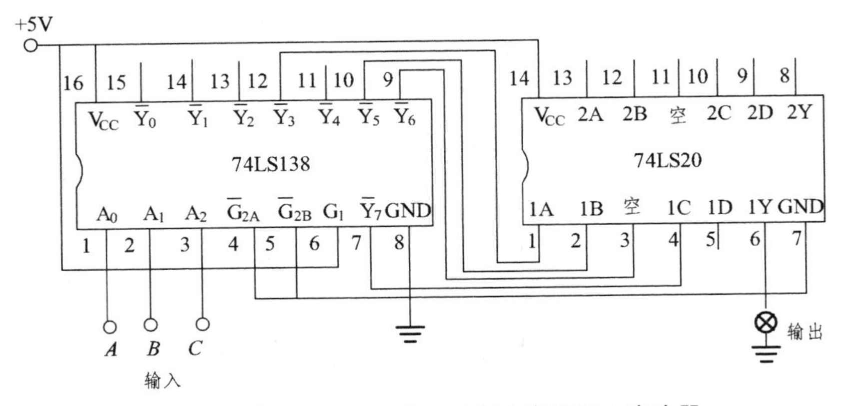

图 7-3　利用 74LS138 和 74LS20 实现三人表决器

3. 用 74LS151 实现

将输入变量接至数据选择器的地址输入端，即 $A=A_2$，$B=A_1$，$C=A_0$。输出变量接

至数据选择器的输出端，即 $L=Y$。将逻辑函数 L 的最小项表达式与 74151 的功能表相比较，得：

$$Y=m_0D_0+m_1D_1+m_2D_2+m_3D_3+m_4D_4+m_5D_5+m_6D_6+m_7D_7$$

显然，Y 式中出现的最小项，对应的数据输入端应接 1，Y 式中没出现的最小项，对应的数据输入端应接 0。即 $D_3=D_5=D_6=D_7=1$；$D_0=D_1=D_2=D_4=0$。其接线图如图 7-4 所示。

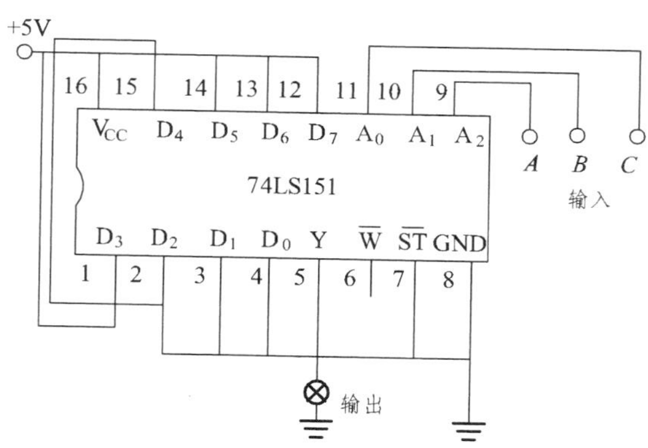

图 7-4　利用 74LS151 实现三人表决器

4. 74LS153 实现

三人表决器的表达式为：

$$F=\overline{A}BC+A\overline{B}C+AB\overline{C}+ABC$$

该逻辑函数含有 3 个逻辑变量，可选其中的两个（A，B）作为数据选择器的地址输入变量，一个（C）作为数据输入变量。则：

$$Y=\overline{A}\overline{B}D_0+\overline{A}BD_1+A\overline{B}D_2+ABD_3$$

将逻辑函数 F 整理后与 Y 比较，可得：$D_0=0,\ D_1=C, D_2=C,\ D_3=1$。

用 74LS153 构成三人表决器的电路如图 7-5 所示。

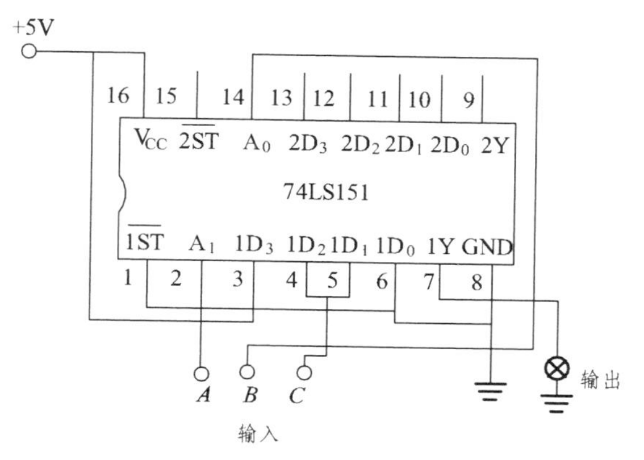

图 7-5　利用 74LS153 实现三人表决器

（四）芯片介绍

1. 74LS00

74LS00 是 4 组 2 输入端与非门（正逻辑），共有 54/7400，54/74H00，54/74S00，54/74LS00 四种线路结构形式。其芯片外形及内部结构如图 7-6 所示。

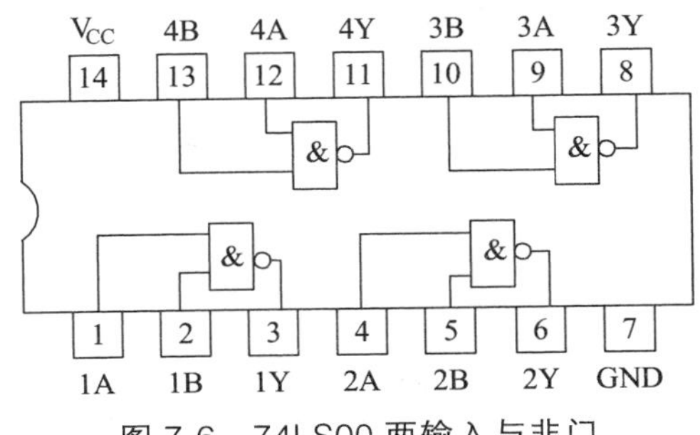

图 7-6 74LS00 两输入与非门

其真值表如表 7-2 所示。

表 7-2 74LS00 真值表

输　入		输　出
A	*B*	*Y*
0	0	1
0	1	1
1	0	1
1	1	0

表达式：$Y=\overline{AB}$。

2. 74LS20

74LS20 为两组 4 输入端与非门（正逻辑），共有 54/7420，54/74H20，54/74S20，54/74LS20 四种线路结构形式。74LS20 芯片外形及内部结构如图 7-7 所示。

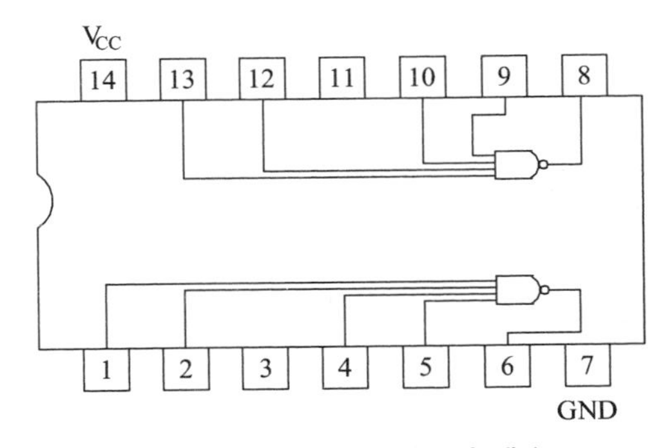

图 7-7 74LS20 四输入与非门

其真值表如表 7-3 所示。

表 7-3　74LS20 真值表

输　入				输　出
A	B	C	D	Y
X	X	X	L	H
X	X	L	X	H
X	L	X	X	H
L	X	X	X	H
H	H	H	H	L

表达式：$Y=\overline{ABCD}$。

3. 74LS38

74138 是 TTL 系列中的 3 线-8 线译码器，它的逻辑符号见图 7-8，其中 A，B 和 C 是输入端，Y_0，Y_1，…，Y_7 是输出端，G_1，$\bar{G}_{2A}$，$\bar{G}_{2B}$ 是控制端，每一个输出端的输出函数为：

$$Y_i=\overline{m_i(G_1\bar{\bar{G}}_{2A}\bar{\bar{G}}_{2B})}$$

式中，m_i 为输入 C，B，A 的最小项。

74138 译码器的真值表见表 7-4。从真值表可以看出当 $G_1\cdot G_2=1$，时该译码器处于工作状态，否则输出被禁止，输出高电平。这三个控制端又称为片选端，利用它们可以将多片连接起来扩展译码器的功能。

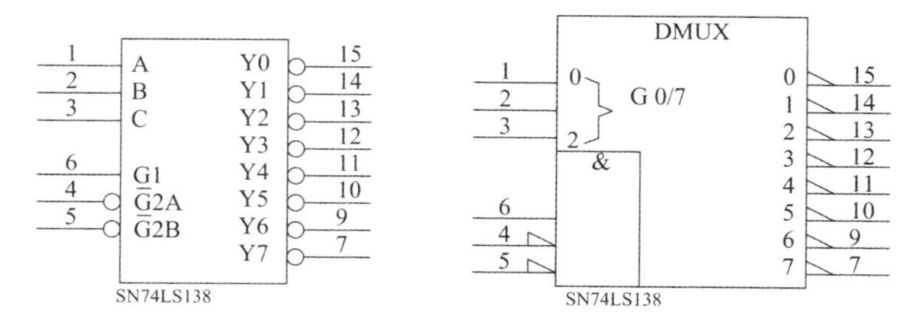

图 7-8　3-8 译码器的逻辑符号

表 7-4　74138 真值表

控　制		输　入			输　出							
G_1	G_2	C	B	A	Y_0	Y_1	Y_2	Y_3	Y_4	Y_5	Y_6	Y_7
X	1	X	X	X	1	1	1	1	1	1	1	1
0	X	X	X	X	1	1	1	1	1	1	1	1
1	0	0	0	0	0	1	1	1	1	1	1	1

续表

控制		输入			输出							
G_1	G_2	C	B	A	Y_0	Y_1	Y_2	Y_3	Y_4	Y_5	Y_6	Y_7
1	0	0	0	1	1	0	1	1	1	1	1	1
1	0	0	1	0	1	1	0	1	1	1	1	1
1	0	0	1	1	1	1	1	0	1	1	1	1
1	0	1	0	0	1	1	1	1	0	1	1	1
1	0	1	0	1	1	1	1	1	1	0	1	1
1	0	1	1	0	1	1	1	1	1	1	0	1
1	0	1	1	1	1	1	1	1	1	1	1	0

4. 集成多路选择器 74151

集成多路选择器 74151 具有 8 个输入信号 $D_0 \sim D_7$，一对互补输出信号 Y 和 W，三个数据选择信号 C，B，A 和使能信号 $\overline{G}$。流行符号和 IEEE 符号见图 7-9，真值表见表 7-5。

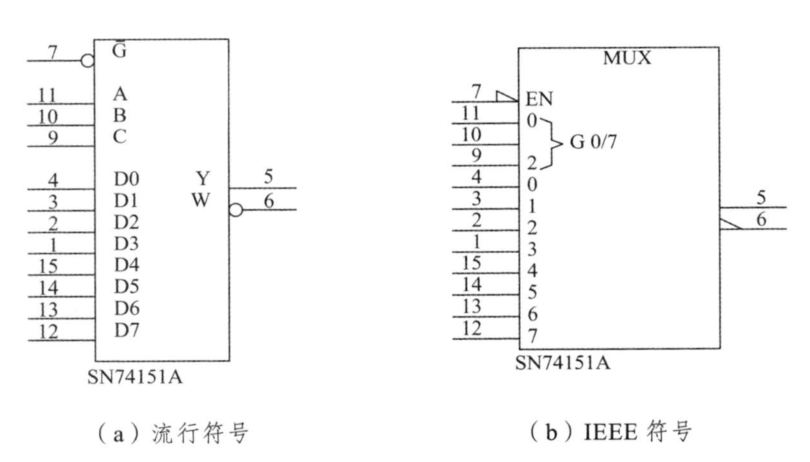

（a）流行符号　　（b）IEEE 符号

图 7-9　多路选择器 74151 符号

由真值表 7-5 得到该选择器的输出信号为：

$$Y = (\sum_{i=0}^{7} m_i D_i)(\overline{\overline{G}})$$

式中，Y 为输出信号；W 为 Y 的互补信号；m_i 为选择信号的最小项；D_i 为输入信号；$\overline{G}$ 为使能信号。若 $\overline{G}=0$，多路选择器正常工作，否则多路选择器输出低电平。

表 7-5　多路选择器 74151 真值表

选择			使能	输出	
C	B	A	$\bar{G}$	Y	W
X	X	X	1	0	1
0	0	0	0	D_0	$\bar{D}_0$
0	0	1	0	D_1	$\bar{D}_1$
0	1	0	0	D_2	$\bar{D}_2$
0	1	1	0	D_3	$\bar{D}_3$
1	0	0	0	D_4	$\bar{D}_4$
1	0	1	0	D_5	$\bar{D}_5$
1	1	0	0	D_6	$\bar{D}_6$
1	1	1	0	D_7	$\bar{D}_7$

三、项目实施

1. 项目原理说明

三人表决器电路如图 7-10 所示，其核心部分是集成电路 74LS153，它是一块双 4 选 1 多路选择器，功能与 74LS151 相同，采用 5 V 电压供电。

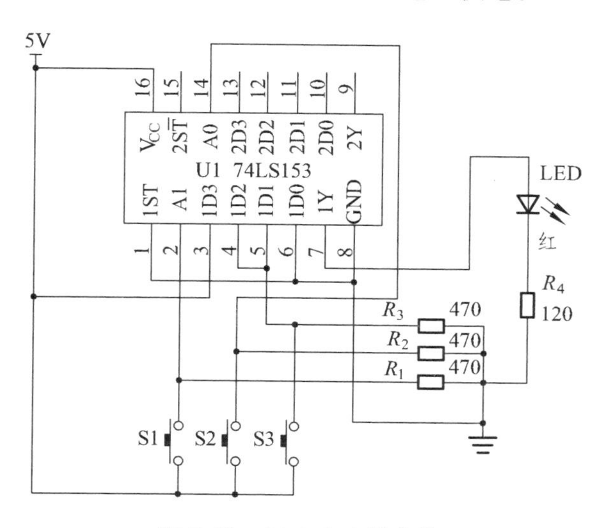

图 7-10　三人表决器电路

S1，S2，S3 表示三位表决者，当按下开关时表示同意，否则表示不同意。有两个或两个以上同意，表决通过，指示灯亮，否则，指示灯不亮。

2. 元器件的选择

三人表决器电路的元器件主要用到集成块 74LS153、开关、电阻等。具体如表 7-6 所示。

表 7-6 元器件清单

序号	元件名称	元件标识	型号与参数	元件数量
1	电　阻	R1，R2，R3	470 Ω	3
2	电　阻	R4	120 Ω	1
3	按　键	S1，S2，S3		3
4	集成块	U1	74LS153	1
5	指示灯	LED	红色	1
6	电　源		5 V	1

3. 电路调试过程及注意点

（1）仔细检查、核对电路与元器件，确认无误后接入规定的 5 V 直流电压源。

（2）分别按下 S1，S2，S3 开关，观察电路中指示灯的亮灭情况，列出真值表。

（3）电路安装调试总体比较简单，注意发光二极管的正负极性不要装反。

4. 项目评价

本项目的考核仍通过“过程考核和综合考核相结合，理论和实际考核相结合，教师评价和学生自评、互评相结合”的原则，实行过程监控的考核体系。表 7-7 中有本任务中需要考核的内容及要求、所占的分值等，在具体评价时各位老师可根据需要确定评价考核的方式。

表 7-7 三人表决器评价表

考核项目	考核内容及要求	分值	学生自评	小组评分	教师评分
项目资讯掌握情况	① 能正确识别 74LS153、色环电阻、开关、直流电源等元件 ② 能分析、选择、正确使用上述元器件 ③ 能分析电路工作原理	25			
电路制作	① 能详细列出元件、工具、耗材及使用仪器仪表清单 ② 能制定详细的实施流程与电路调试步骤 ③ 电路板设计制作合理，元件布局合理，焊接规范 ④ 能正确使用仪器仪表	25			

续表

考核项目	考核内容及要求	分值	学生自评	小组评分	教师评分
电路调试	① 能正确调试三人表决器电路 ② 能正确判断电路故障原因并及时排除故障	15			
项目报告书完成情况	① 语言表达准确、逻辑性强 ② 格式标准、内容充实、完整 ③ 有详细的项目分析、制作调试过程及数据记录	15			
职业素养	① 学习、工作积极主动，遵时守纪 ② 团结协作精神好 ③ 踏实勤奋、严谨求实	10			
安全文明操作	① 严格遵守操作规程 ② 安全操作无事故	10			
总　分					

四、项目总结及思考

本项目我们完成了三人表决器的安装与调试，认识了集成块 74LS153 的结构及功能，并利用 74LS153 构成了一个三人表决器。在完成项目的安装和调试的基础上，思考以下几个问题：

（1）为了 LED 指示灯能够显示一定的亮度，如何确定和选择与之相连的电阻？

（2）列出本项目中 R_1, R_2, R_3 电阻的阻值如何正确选取？

项目八　计数显示电路的安装与调试

一、项目描述

在日常生活中，家庭、商场、会议室中的数字钟以及体育比赛中的电子秒表时刻提醒我们时间的存在，十字路口的交通灯保障着我们的出行安全。不管是数字钟、电子秒表，还是交通灯，它们都有计数和显示电路的存在。本项目的任务是完成一个计数显示电路的安装和调试。要达到以下教学目标：

【知识目标】

1. 了解计数显示电路的基本组成及其主要性能指标。

2. 熟悉计数器、显示译码器、数码管等元器件的作用。

3. 熟练掌握计数显示电路的工作原理。

【技能目标】

1. 能够独立查阅数字集成电路资料，能够根据电路要求选择元器件。

2. 熟练掌握计数显示电路的安装、调试与检测方法。

3. 学会计数显示电路的故障分析与检修。

二、项目资讯

（一）计数显示电路的组成

本项目的计数显示电路主要由计数器、译码显示、数码管等几部分组成，如图 8-1 所示。

图 8-1　计数显示电路组成

计数器选用二 - 五 - 十 进制加法计数器 74LS90。译码显示选用译码器 CD4511，显示电路采用共阴极 LED 数码管。

（二）计数器 74LS90

74LS90 是异步二 - 五 - 十 进制加法计数器，它既可以作二进制加法计数器，又可以作五进制和十进制加法计数器。

图 8-2 为 74LS90 引脚排列，表 8-1 为功能表。

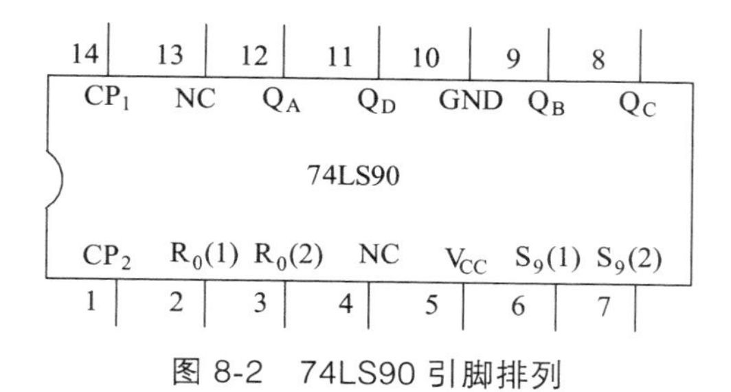

图 8-2　74LS90 引脚排列

表 8-1　74LS90 功能表

<table>
<tr><th colspan="6">输　　入</th><th colspan="4">输　出</th><th rowspan="3">功　　能</th></tr>
<tr><th colspan="2">清　0</th><th colspan="2">置　9</th><th colspan="2">时　　钟</th><th rowspan="2">Q_D</th><th rowspan="2">Q_C</th><th rowspan="2">Q_B</th><th rowspan="2">Q_A</th></tr>
<tr><th colspan="2">R_0（1）、R_0（2）</th><th colspan="2">S_9（1）、S_9（2）</th><th>CP_1</th><th>CP_2</th></tr>
<tr><td>1</td><td>1</td><td>0
×</td><td>×
0</td><td>×</td><td>×</td><td>0</td><td>0</td><td>0</td><td>0</td><td>清　　0</td></tr>
<tr><td>0
×</td><td>×
0</td><td>1</td><td>1</td><td>×</td><td>×</td><td>1</td><td>0</td><td>0</td><td>1</td><td>置　　9</td></tr>
<tr><td rowspan="5">0
×</td><td rowspan="5">×
0</td><td rowspan="5">0
×</td><td rowspan="5">×
0</td><td>↓</td><td>1</td><td colspan="4">Q_A　输　出</td><td>二进制计数</td></tr>
<tr><td>1</td><td>↓</td><td colspan="4">$Q_DQ_CQ_B$ 输出</td><td>五进制计数</td></tr>
<tr><td>↓</td><td>Q_A</td><td colspan="4">$Q_DQ_CQ_BQ_A$ 输出
8421BCD 码</td><td>十进制计数</td></tr>
<tr><td>Q_D</td><td>↓</td><td colspan="4">$Q_AQ_DQ_CQ_B$ 输出
5421BCD 码</td><td>十进制计数</td></tr>
<tr><td>1</td><td>1</td><td colspan="4">不　　变</td><td>保　　持</td></tr>
</table>

通过不同的连接方式，74LS90 可以实现四种不同的逻辑功能。还可借助 R_0（1），R_0（2）对计数器清零，借助 S_9（1），S_9（2）将计数器置 9。其具体功能详述如下。

（1）计数脉冲从 CP_1 输入，Q_A 作为输出端，为二进制计数器。

（2）计数脉冲从 CP_2 输入，$Q_DQ_CQ_B$ 作为输出端，为异步五进制加法计数器。

（3）若将 CP_2 和 Q_A 相连，计数脉冲由 CP_1 输入，Q_D，Q_C，Q_B，Q_A 作为输出端，则构成异步 8421 码十进制加法计数器。

（4）若将 CP_1 与 Q_D 相连，计数脉冲由 CP_2 输入，Q_A，Q_D，Q_C，Q_B 作为输出端，则构成异步 5421 码十进制加法计数器。

（5）清零、置 9 功能。

① 异步清零。

当 R_0（1），R_0（2）均为“1”；S_9（1），S_9（2）中有“0”时，实现异步清零功能，即 $Q_DQ_CQ_BQ_A = 0000$。

② 置 9 功能。

当 S_9（1），S_9（2）均为“1”；R_0（1），R_0（2）中有“0”时，实现置 9 功能，即 $Q_DQ_CQ_BQ_A = 1001$。

（三）中规模译码电路

CD4511 是一个用于驱动共阴 LED 显示器的 BCD 码的七段码译码器，其引脚如图 8-3 所示。其功能如表 8-2 所示。

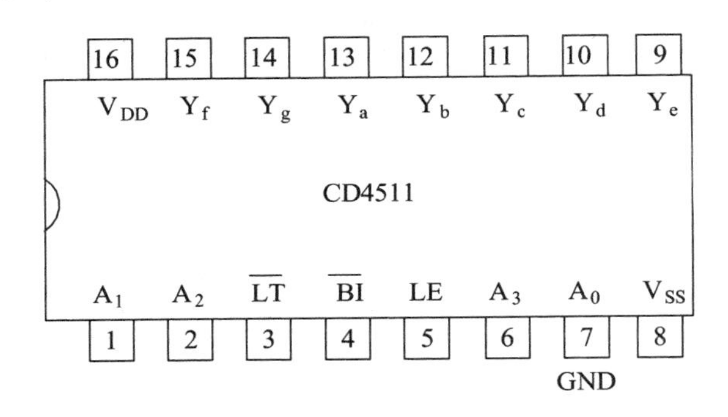

图 8-3　CD4511 引脚图

其功能介绍如下：

$\overline{BI}$：当 $\overline{BI}=0$ 时，不管其他输入端状态如何，七段数码管均处于熄灭状态，不显示数字。

$\overline{LT}$：当 $\overline{LT}=0$ 时，不管输入 $A_0A_1A_2A_3$ 状态如何，七段均发亮，显示“8”。它主要用来检测数码管是否损坏。

LE：使能控制端，当 LE = 0 时，允许译码输出。

$A_0A_1A_2Q_3$：为 8421BCD 码输入端。

abcdefg：为译码输出，输出为高电平。

表 8-2 CD4511 功能表

输 入							输 出							
LE	BI	LT	D	C	B	A	a	b	c	d	e	f	g	显示
X	X	0	X	X	X	X	1	1	1	1	1	1	1	8
X	0	1	X	X	X	X	0	0	0	0	0	0	0	消隐
0	1	1	0	0	0	0	1	1	1	1	1	1	0	0
0	1	1	0	0	0	1	0	1	1	0	0	0	0	1
0	1	1	0	0	1	0	1	1	0	1	1	0	1	2
0	1	1	0	0	1	1	1	1	1	1	0	0	1	3
0	1	1	0	1	0	0	0	1	1	0	0	1	1	4
0	1	1	0	1	0	1	1	0	1	1	0	1	1	5
0	1	1	0	1	1	0	0	0	1	1	1	1	1	6
0	1	1	0	1	1	1	1	1	1	0	0	0	0	7
0	1	1	1	0	0	0	1	1	1	1	1	1	1	8
0	1	1	1	0	0	1	1	1	1	0	0	1	1	9
0	1	1	1	0	1	0	0	0	0	0	0	0	0	消隐
0	1	1	1	0	1	1	0	0	0	0	0	0	0	消隐
0	1	1	1	1	0	0	0	0	0	0	0	0	0	消隐
0	1	1	1	1	0	1	0	0	0	0	0	0	0	消隐
0	1	1	1	1	1	0	0	0	0	0	0	0	0	消隐
0	1	1	1	1	1	1	0	0	0	0	0		0	消隐
1	1	1	X	X	X	X	锁 存							锁存

（四）7 段数码管

1. 7 段数码管的结构

7 段数码管一般由 8 个发光二极管组成，其中由 7 个细长的发光二极管组成数字显示，另外一个圆形的发光二极管显示小数点。其内部字段和引脚如图 8-4（a）所示。

当发光二极管导通时，相应的一个点或一个笔画发光。控制相应的二极管导通，就能显示出各种字符，其控制简单，使用方便。发光二极管阳极连在一起的称为共阳极数码管，如图 8-4（b）所示。阴极连在一起的称为共阴极数码管，如图 8-4（c）所示。

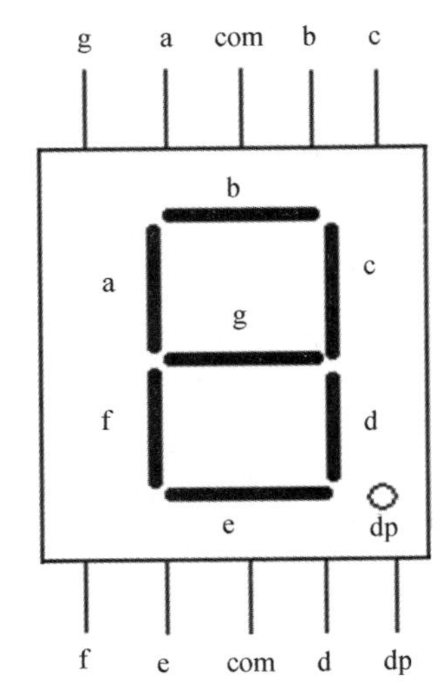

（a）7段数码管内部字段LED和引脚分布

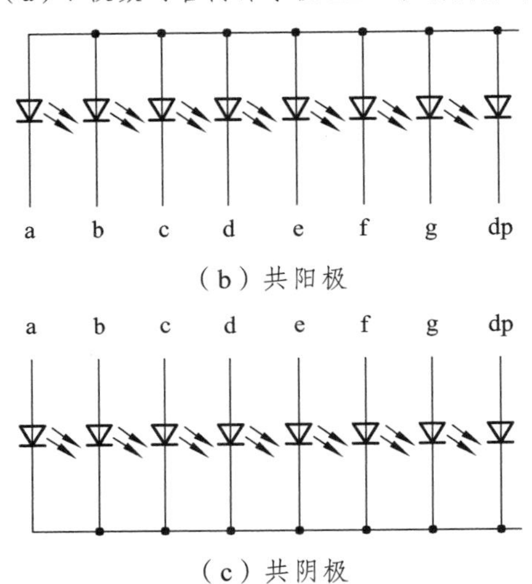

（b）共阳极

（c）共阴极

图 8-4　7 段数码管结构图

国产 BS 系列的数码管信号如表 8-3 所示。

表 8-3　国产 BS×××系列 LED 数码管的代换型号

型　号	主要参数	国内外代换型号
BS224	1 位共阳/红色/高亮/8 mm	TLR332
BS225	1 位共阴/红色/高亮/8 mm	TLR332
BS241	1 位共阴/红色/高亮/13 mm	LTS547R
BS242	1 位共阳/红色/高亮/13 mm	LTS546R
BS243	1 位共阴/红色/高亮/10 mm	LTS4740AP
BS244	1 位共阳/红色/10 mm	LTS4701AP
BS247-2	1 位共阴/红色/高亮/30 mm	GL8901

续表

型　号	主要参数	国内外代换型号
BS266	1位共阳/红色/高亮/20 mm	HDSP-3401
BS341	1位共阴/绿色/13 mm	LTS547G
BS342	1位共阳/绿色/13 mm	LTS546G
BS343	1位共阴/绿色/10 mm	GL8N056
BS344	1位共阳/绿色/高亮/10 mm	LTS4501AG
BS582	1位共阳/橙色/58 mm	M01231A
BS583	1位共阴/橙色/58 mm	M01231C
2BS246	2位共阳/红色/13 mm	TLR325

2. 数码管的简易测试方法

一个质量优良的LED数码管，其外观应该是做工精细、发光颜色均匀、无局部变色及无漏光等。对于不清楚性能好坏、产品型号及管脚排列的数码管，可采用如图8-5所示的简便方法进行检测。

1）干电池检测法

如图8-5（a）所示，取两节普通1.5 V干电池串联（3 V）起来，并串联一个100 Ω、1/8 W的限流电阻器，以防止过电流烧坏被测LED数码管。将3 V干电池的负极引线（两根引线均可接上小号鳄鱼夹）接在被测数码管的公共阴极上，正极引线依次移动接触各笔段电极（a～h脚）。当正极引线接触到某一笔段电极时，对应笔段就发光显示。用这种方法可以快速测出数码管是否有断笔（某一笔段不能显示）或连笔（某些笔段连在一起），并且可相对比较出不同的笔段发光强弱是否一致。若检测共阳极数码管，只需将电池的正负极引线对调一下，方法同上。

如果将图8-5（a）中被测数码管的各笔段电极（a～h脚）全部短接起来，再接通测试用干电池，则可使被测数码管实现全笔段发光。对于质量优良的数码管，其发光颜色应该均匀，并且无笔段残缺及局部变色等。

如果不清楚被测数码管的结构类型（是共阳极还是共阴极）和引脚排序，可从被测数码管的左边第1脚开始，逆时针方向依次逐脚测试各引脚，使各笔段分别发光，即可测绘出该数码管的引脚排列和内部接线。测试时注意，只要某一笔段发光，就说明被测的两个引脚中有一个是公共脚，假定某一脚是公共脚不动，变动另一测试脚，如果另一个笔段发光，说明假定正确。这样根据公共脚所接电源的极性，可判断出被测数码管是共阳极还是共阴极。显然，公共脚如果接电池正极，则被测数码管为共阳极；公共脚如果接电池负极，则被测数码管应为共阴极。接下来测试剩余各引脚，即可很快确定出所对应的笔段来。

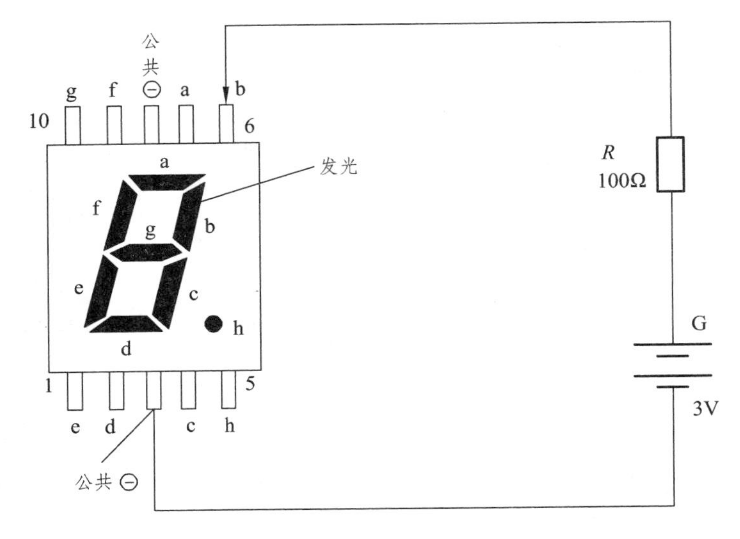

（a）干电池检测法

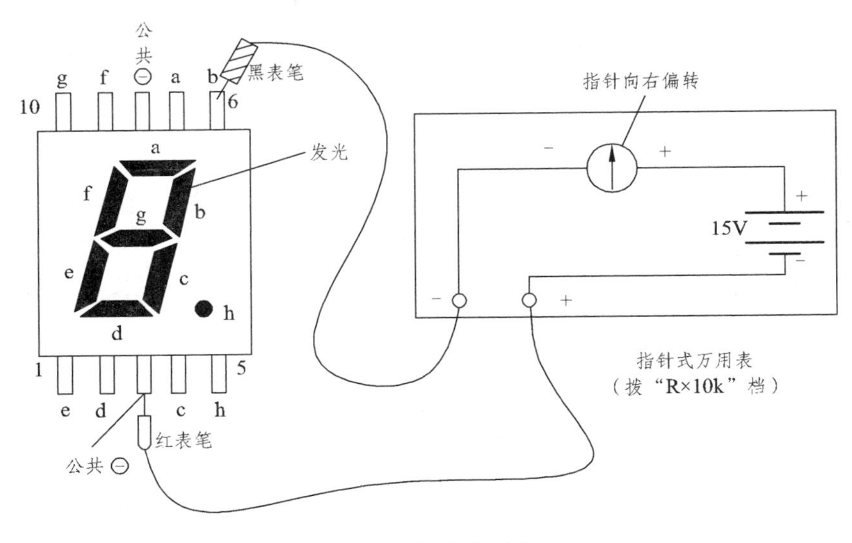

（b）万用表检测法

图 8-5　LED 数码管的检测

2）万用表检测法。

以 MF50 型指针式万用表为例，说明具体检测方法：首先，按照图 8-5（b）所示，将指针式万用表拨至“R × 10 k”电阻档。由于 LED 数码管内部的发光二极管正向导通电压一般≥1.8 V，所以万用表的电阻档应置于内部电池电压是 15 V（或 9 V）的“R × 10 k”档，而不应置于内部电池电压是 1.5 V 的“R × 100”或“R × 1 k”档，否则无法正常测量发光二极管的正反向电阻。然后，进行检测。在测图 8-5（b）所示的共阴极数码管时，万用表红表笔（注意：红表笔接表内电池负极、黑表笔接表内电池正极）应接数码管的“－”公共端，黑表笔则分别去接各笔段电极（a ~ h 脚）；对于共阳极的数码管，黑表笔应接数码管的“+”公共端，红表笔则分别去接 a ~ h 脚。正常情况下，万用表的指针应该偏转（一般示数在 100 kΩ 以内），说明对应笔段的发光二极管导通，同时对应笔段会发光。若测到某个管脚时，万用表指针不偏转，所对应的笔段也不发光，则说明被测笔段的发光二极管已经开路损坏。与干电池检测法一样，采用万用表检测法也可对不清楚结构类型和引脚排序的数码管进行快速检测。

以上所述为 1 位 LED 数码管的检测方法，至于多位 LED 数码管的检测，方法大同小异，不再赘述。

三、项目实施

1. 项目原理说明

计数显示电路如图 8-6 所示，主要由计数器 74LS90、译码器 CD4511 和共阴极七段数码管组成。

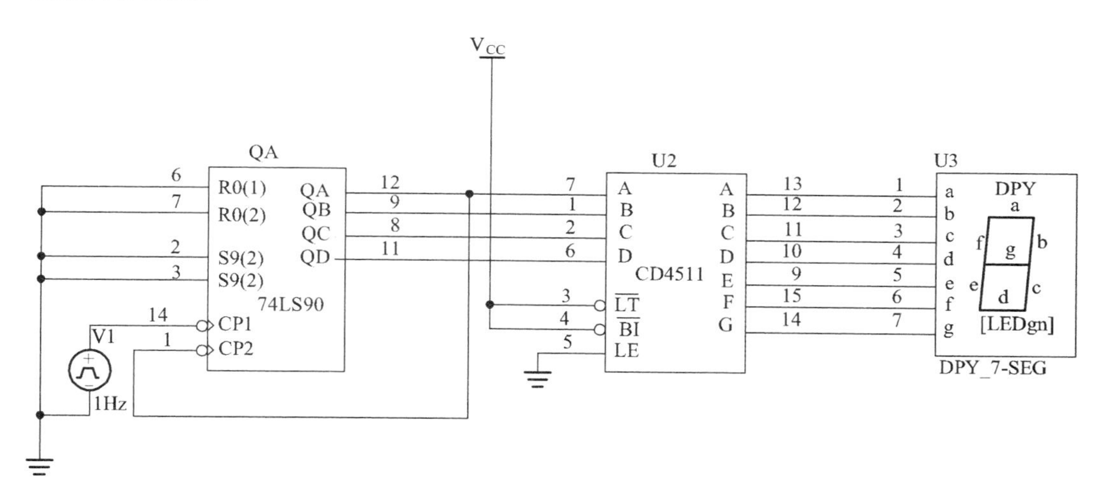

图 8-6　计数显示电路

计数器 74LS90 的 R0（1），R0（2），S9（1），S9（2）接地，CP2 接输出 QA，构成十进制计数器。1 Hz 脉冲信号从 CP1 接入。CD4511 的 $\overline{LT}$，$\overline{BI}$ 接高电平，LE 接地，使得其能够正常译码输出。CD4511 与七段数码管构成译码显示电路，数码管能够循环显示从 0 ~ 9 的数字。

2. 元器件的选择

计数显示电路的元器件主要用到集成块 74LS90，CD4511 和共阴极数码管。具体如表 8-4 所示。

表 8-4 元器件清单

序号	元件名称	元件标识	型号与参数	元件数量
1	计数器	U1	74LS90	1
2	译码器	U2	CD4511	1
3	数码管	U3	共阴极	1

3. 电路调试过程及注意点

（1）仔细检查、核对电路与元器件，确认无误后接入规定的 5 V 直流电压源和 1 Hz 的脉冲信号。

（2）观察数码管的显示情况。

（3）电路安装调试总体比较简单，数码管容易损坏，要学会判断数码管的好坏。

4. 项目评价

本项目的考核仍通过“过程考核和综合考核相结合，理论和实际考核相结合，教师评价和学生自评、互评相结合”的原则，实行过程监控的考核体系。表 8-5 中有本任务中需要考核的内容及要求、所占的分值等，在具体评价时各位老师可根据需要确定评价考核的方式。

表 8-5 计数显示电路评价表

考核项目	考核内容及要求	分值	学生自评	小组评分	教师评分
项目资讯掌握情况	① 能正确识别 74LS90、CD4511、数码管等元件 ② 能分析、选择、正确使用上述元器件 ③ 能分析电路工作原理	25			
电路制作	① 能详细列出元件、工具、耗材及使用仪器仪表清单 ② 能制定详细的实施流程与电路调试步骤 ③ 电路板设计制作合理，元件布局合理，焊接规范 ④ 能正确使用仪器仪表	25			
电路调试	① 能正确调试计数显示电路 ② 能正确判断电路故障原因并及时排除故障	15			
项目报告书完成情况	① 语言表达准确、逻辑性强 ② 格式标准、内容充实、完整 ③ 有详细的项目分析、制作调试过程及数据记录	15			

续表

考核项目	考核内容及要求	分值	学生自评	小组评分	教师评分
职业素养	① 学习、工作积极主动，遵时守纪 ② 团结协作精神好 ③ 踏实勤奋、严谨求实	10			
安全文明操作	① 严格遵守操作规程 ② 安全操作无事故	10			
总　分					

四、项目总结及思考

本项目我们完成了计数显示电路的安装与调试，认识了集成块 74LS90，CD4511 以及七段数码管的结构及功能，并利用它们构成了一个能循环显示 0 ~ 9 数字的计数显示电路。在完成项目的安装和调试的基础上，思考以下几个问题：

（1）译码器除了选用 CD4511 外，还可以用哪些集成块代替？

（2）试用 2 片 74LS90，2 片 CD4511 以及 2 块数码管构成循环显示 0 ~ 99 的计数显示电路。

项目九　简易电子琴的安装与调试

一、项目描述

555 定时器是一种模拟和数字功能相结合的中规模集成器件。555 定时器成本低，性能可靠，只需要外接几个电阻、电容，就可以实现多谐振荡器、单稳态触发器及施密特触发器等脉冲产生与变换电路。其常用于构成时钟脉冲电路、声响报警电路或者简易电子琴等。本次项目的任务是完成一个由 555 定时器组成的简易电子琴的安装和调试。要达到以下教学目标：

【知识目标】

1. 了解 555 定时器的工作原理。
2. 掌握 555 定时器各引脚的功能。
3. 熟悉单稳态触发器、施密特触发器、多谐振荡器的工作原理。
4. 熟练掌握简易电子琴的工作原理和主要参数的调整方法。

【技能目标】

1. 能够独立查阅相关资料，根据电路要求选择元器件。
2. 熟练掌握简易电子琴电路的安装、调试与检测方法。
3. 学会简易电子琴电路的故障分析与检修。

二、项目资讯

（一）简易电子琴电路的组成

本项目的简易电子琴包括输入电路、555 振荡器和扬声器三部分，如图 9-1 所示。

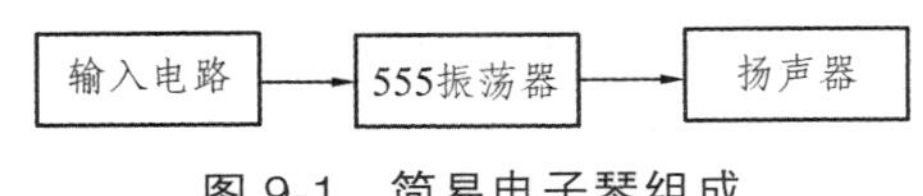

图 9-1　简易电子琴组成

输入电路：由 8 个按钮开关选择影响 555 定时器构成的多谐振荡器周期的电阻值，控制 555 振荡器输出的频率。

555 定时器：构成多谐振荡器，由按钮开关选择的电阻值输入的不同，产生不同的信号频率。

扬声器端口：接收 555 定时器产生的信号，发出特定频率的声音。

（二）555 定时器电路及其功能

集成 555 定时器有双极性型和 CMOS 型两种产品。一般双极性型产品型号的最后三位数都是 555，CMOS 型产品型号的最后四位数都是 7555。它们的逻辑功能和外部引线排列完全相同，其外形如图 9-2 所示。器件电源电压推荐为 4.5 ~ 12 V，最大输出电流在 200 mA 以内，并能与 TTL、CMOS 逻辑电平相兼容。

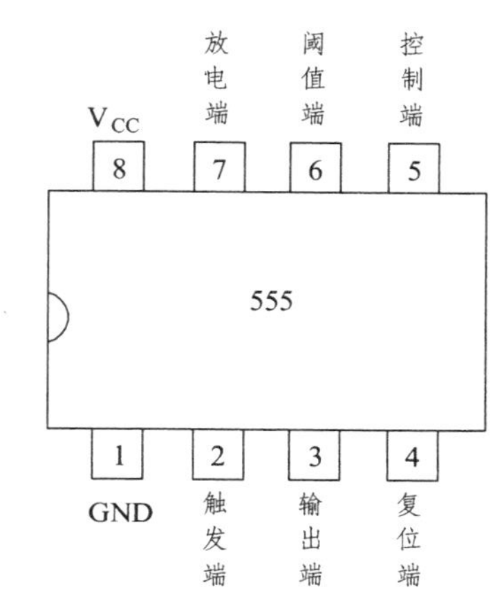

图 9-2　555 定时器外形图

1. 电路组成

图 9-3 为 555 集成电路内部结构框图。其中由三个 5 kΩ 的电阻 R_1，R_2 和 R_3 组成分

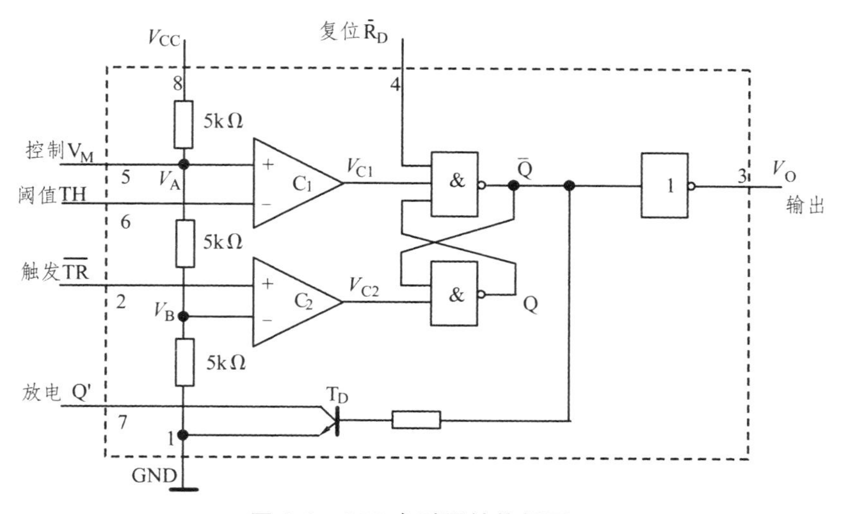

图 9-3　555 定时器结构框图

压器，为两个比较器 C_1 和 C_2 提供参考电压，当控制端 V_M 悬空时（为避免干扰 V_M 端与地之间接一个 0.01 μF 左右的电容），$V_A = 2V_{CC}/3$，$V_B = V_{CC}/3$，当控制端加电压时 $V_A = V_M$，$V_B = V_M/2$。

放电管 T_D 的输出端 Q′为集电极开路输出，其集电极最大电流可达 50 mA，因此具有较大的带灌电流负载的能力。555 集成电路的输出级为推拉式结构。

$\bar{R}_D$ 是置零输入端，若复位端 $\bar{R}_D$ 加低电平或接地，不管其他输入状态如何，均可使它的输出 V_O 为“0”电平。正常工作时必须使 $\bar{R}_D$ 处于高电平。

2. 电路功能

555 定时器的功能主要是由两个比较器 C_1 和 C_2 的工作状况决定的。

由图 9-3 可知，当 $V_6 > V_A$，$V_2 > V_B$ 时，比较器 C_1 的输出 $V_{C1} = 0$，比较器 C_2 的输出 $V_{C2} = 1$，基本 RS 触发器被置 0，T_D 导通，同时 VO 为低电平。

当 $V_6 < V_A$，$V_2 > V_B$ 时，$V_{C1} = 1$，$V_{C2} = 1$，触发器的状态保持不变，因而 T_D 和输出的状态也维持不变。

当 $V_6 < V_A$，$V_2 < V_B$ 时，$V_{C1} = 1$，$V_{C2} = 0$，故触发器被置 1，V_O 为高电平，同时 T_D 截止。

这样我们就得到了表 9-1 所示的 555 定时器的功能表。

表 9-1　555 定时器的功能表

输　入			输　出	
阈值输入 V_6	触发输入 V_2	复位 $\bar{R}_D$	输出 V_O	放电管状态 T_D
×	×	0	0	导通
$< V_A$	$< V_B$	1	1	截止
$> V_A$	$> V_B$	1	0	导通
$< V_A$	$> V_B$	1	不变	不变

（三）用 555 定时电路构成的多谐振荡器

多谐振荡器可以产生连续的、周期性的脉冲波形。它是一种自激振荡电路。多谐振荡器有两个暂稳态，没有稳态，工作过程中在两个暂稳态之间按照一定的周期周而复始地依次翻转，从而产生连续的、周期性的脉冲波形。

1. 电路的组成

用 555 定时器能很方便地构成多谐振荡器，如图 9-4（a）所示。方法是将施密特触发器的反相输出端经 RC 积分电路接回到它的输入端，就构成了多谐振荡器。在此电路中，定时元件除电容 C 外，还有两个电阻 R_A 和 R_B，它们串接在一起，电容 C 和

R_B的连接点接到两个比较器 C_1 和 C_2 的输入端 TH 和 $\overline{TR}$，R_A 和 R_B 的连接点接到放电管 T_D 的输出端 Q′。

2. 工作原理

接通电源的瞬间，电容 C 来不及充电，V_C 为 0 电平，此时 $V_{C1}=1$，$V_{C2}=0$ 触发器置 1，输出 V_O 为高电平。同时，由于放电管 T_D 截止，电容 C 开始充电，此时进入了暂稳态 I。电容 C 充电所需的时间为

$$t_{ph}=(R_A+R_B)C\ln 2\approx 0.7(R_A+R_B)C \tag{9-1}$$

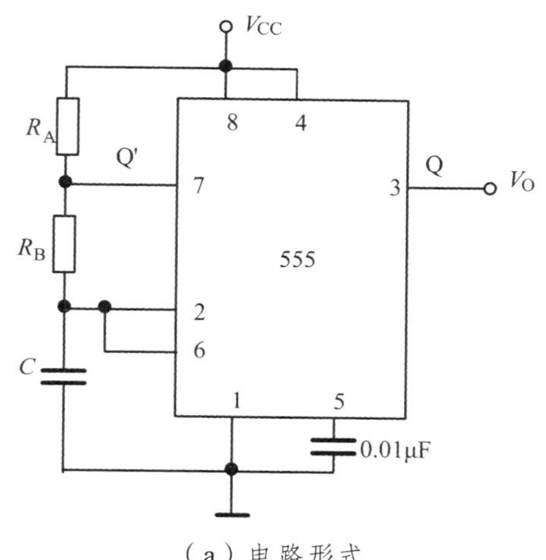

（a）电路形式

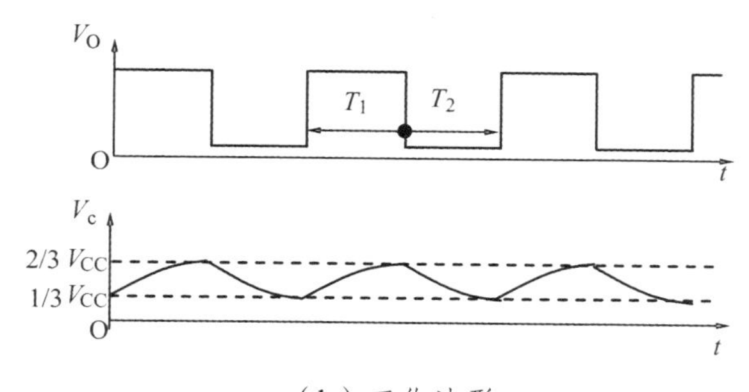

（b）工作波形

图 9-4　由 555 定时器构成的多谐振荡器

电容 C 由回路 V_{CC}→（R_A+R_B）→C→地充电，$\tau_1=(R_A+R_B)C$ 为充电时间常数，电容 C 上电位 V_C 随时间 t 按指数规律上升，趋向 V_{CC} 值，在此阶段内，输出电压 V_O 暂时稳定在高电平。

当电容上电位 V_C 上升到 $2/3V_{CC}$ 时，由于 $V_{C1}=0$，$V_{C2}=1$，使触发器置“0”。Q 由“1”→“0”，输出电压 V_O 则由高电平跳转为低电平，电容 C 的充电过程结束。同时，因放电管 T_D 饱和导通，电容 C 通过回路 C→R_B→放电管 T_D→地放电，放电需要时间为

$$t_{pl} = R_B C \ln 2 \approx 0.7 R_B C \tag{9-2}$$

放电时间常数 $\tau_2 = R_B C$（忽略了 T_D 管饱和电阻 R_{CES1}），电容上电位 V_C 按指数规律下降，趋向 0 V，同时使输出 V_O 暂稳在低电平。

当电容上电位 V_C 下降到 $1/3V_{CC}$ 时，$V_{C1} = 1$，$V_{C2} = 0$，使触发器置“1”。Q 由“0”→“1”，输出电压 V_O 由低电平跳转为高电平，电容 C 的放电过程结束。且放电管 T_D 截止，电容 C 又开始充电，进入暂稳态Ⅰ。以后，电路重复上述过程，来回振荡，其工作波形如图 9-4（b）。

由于 555 内部的比较器灵敏度较高，而且采用差分电路形式，它的振荡频率受电源电压和温度变化的影响很小。

图 9-4（a）所示电路的占空比（指 $q = t_{ph} / T$）固定不变。若将图 9-4（a）改为图 9-5，利用二极管 D_1 和 D_2 将电容器 C 的充放电回路分开，再加上电位器的调节，就可构成占空比可调的方波发生器。电路中的充电回路是：V_{CC}→R_A→D_1→C→GND，充电时间为

$$t_{ph} = 0.7 R_A C \tag{9-3}$$

电容器 C 通过 D_2→R_B→T_1 放电，放电时间为

$$t_{pl} = 0.7 R_B C \tag{9-4}$$

因此振荡周期为

$$T = t_{ph} + t_{pl} \tag{9-5}$$

可见，这种振荡器输出波形的占空比为

$$q = R_A / (R_A + R_B) \tag{9-6}$$

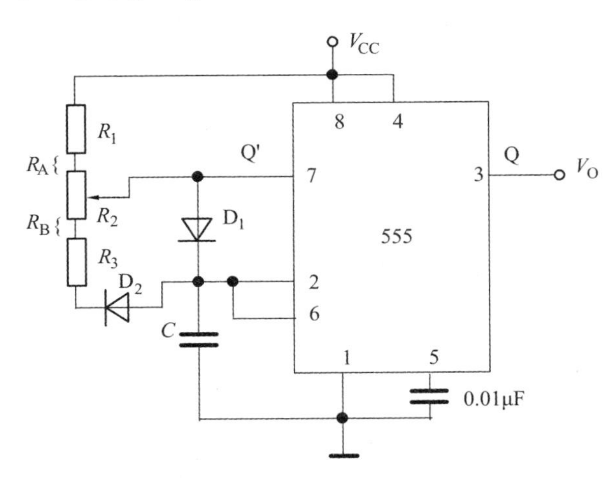

图 9-5　占空比可调的方波发生器

三、项目实施

1. 项目原理说明

本项目的简易电子琴如图 9-6 所示，555 定时器组成一个多谐振荡器。多谐振荡器产生的频率由 C_2 和 R_9 以及 $R_1 \sim R_8$ 其中的一个电阻来决定，按下不同按键即可令喇叭发出不同频率的声响，从而模拟出电子琴的工作。

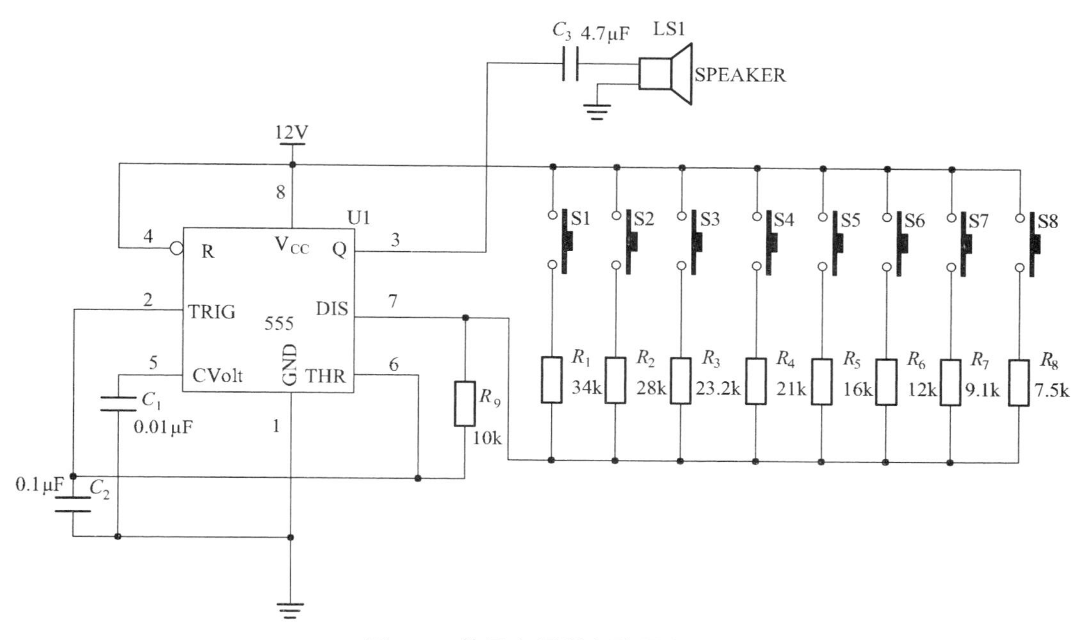

图 9-6　简易电子琴电路原理图

根据音乐中 8 个不同音阶信号，经过分析和测量后可得到 8 个不同的基本音阶的频率，如表 9-2 所示。

表 9-2　音阶频率对应图

音　阶	1	2	3	4	5	6	7	8
频率 Hz	261.4	293.5	329.7	349.3	392.1	440.2	493.7	523.1

在本项目中 555 定时器构成的多谐振荡电路输出的波形是矩形，周期 T 为：$T = T$（充电）$+ T$（放电）$= 0.7(R + 2R_9)C_2$，其中 R 为 $R_1 \sim R_8$ 中的一个。

如果取 $C_2 = 0.1\ \mu F$ 时，为了产生 C 调的八个不同的音阶，经过公式计算，各个音阶振荡频率对应的电阻值如表 9-3 所示。

表 9-3　音阶电阻对应图

音　阶	1	2	3	4	5	6	7	8
电阻（kΩ）	34.642	28.671	23.285	20.885	16.428	12.442	8.929	7.3

2. 元器件的选择

简易电子琴电路的元器件主要用到集成块 555 定时器、按键和电阻。电阻选择误差为 1% 的金属膜电阻的标称阻值，具体如表 9-4 所示。

表 9-4 元器件清单

序号	元件名称	元件标识	型号与参数	元件数量	序号	元件名称	元件标识	型号与参数	元件数量
1	电阻	R_1	34 k	1	9	电阻	R_9	10 k	1
2	电阻	R_2	28 k	1	10	按键	S1 ~ S8		8
3	电阻	R_3	23.2 k	1	11	定时器	U1	NE555	1
4	电阻	R_4	21 k	1	12	电容	C_1	0.01 μF	1
5	电阻	R_5	16 k	1	13	电容	C_2	0.1 μF	1
6	电阻	R_6	12 k	1	14	电容	C_3	4.7 μF	1
7	电阻	R_7	9.1 k	1	15	喇叭	LS1		1
8	电阻	R_8	7.5 k	1					

3. 电路调试过程及注意点

（1）仔细检查、核对电路与元器件，确认无误后给 555 定时器接入规定的 12 V 直流电压源。

（2）分别按动 S1 ~ S2 按键，听喇叭发出的声音。

（3）电路调试总体比较简单，注意喇叭的接法。

4. 项目评价

本项目的考核仍通过“过程考核和综合考核相结合，理论和实际考核相结合，教师评价和学生自评、互评相结合”的原则，实行过程监控的考核体系。表 9-5 中有本任务中需要考核的内容及要求，所占的分值等，在具体评价时各位老师可根据需要确定评价考核的方式。

表 9-5 简易电子琴电路评价表

考核项目	考核内容及要求	分值	学生自评	小组评分	教师评分
项目资讯掌握情况	① 能正确识别 555、电容、电阻、按键等元件 ② 能分析、选择、正确使用上述元器件 ③ 能分析电路工作原理	25			

续表

考核项目	考核内容及要求	分值	学生自评	小组评分	教师评分
电路制作	① 能详细列出元件、工具、耗材及使用仪器仪表清单 ② 能制定详细的实施流程与电路调试步骤 ③ 电路板设计制作合理，元件布局合理，焊接规范 ④ 能正确使用仪器仪表	25			
电路调试	① 能正确调试简易电子琴电路 ② 能正确判断电路故障原因并及时排除故障	15			
项目报告书完成情况	① 语言表达准确、逻辑性强 ② 格式标准、内容充实、完整 ③ 有详细的项目分析、制作调试过程及数据记录	15			
职业素养	① 学习、工作积极主动，遵时守纪 ② 团结协作精神好 ③ 踏实勤奋、严谨求实	10			
安全文明操作	① 严格遵守操作规程 ② 安全操作无事故	10			
总　分					

四、项目总结及思考

本项目我们完成了简易电子琴电路的安装与调试，了解了集成块 555 定时器的结构及功能，并利用它构成了一个多谐振荡器，利用按键选择充电时间，从而改变多谐振荡器的振荡频率，输出送给喇叭模拟电子琴的不同音频。在完成项目的安装和调试的基础上，思考以下几个问题：

（1）本项目中采用电阻并联的形式结合按键控制多谐振荡器的频率，从而模拟电子琴的按键声。那么，如何用电阻串联的形式实现呢？

（2）本项目中，若影响放电时间的 R_9 阻值改成 1 kΩ，那么，与按键串联的电阻 $R_1 \sim R_8$ 的阻值分别是多少？

附录 A　项目报告书

一、项目目的

二、项目内容

三、项目实施总体方案

四、系统测试

五、系统功能、指标参数（包括系统实现的功能，参数的测试，参数记录表，系统功能分析等）

六、项目总结

附录B　常见元器件的识别与测试

一、电容器

1. 电容量

电容量是指电容器加上电压后储存电荷的能力。常用单位是：法（F）、微法（μF）、皮法（pF）。1 pF = 10^{-6} μF = 10^{-12} F。一般，电容器上都直接写出其容量，也有的是用数字来标志容量的。如有的电容上只标出“332”三位数值，左起两位数字给出电容量的第一、二位数字，而第三位数字则表示附加上零的个数。以pF为单位，因此“332”即表示该电容的电容量为3 300 pF。

2. 电容质量优劣的简单测试

利用万用表的欧姆档就可以简单地测量出电解电容器件的优劣情况，粗略判别其漏电、电容衰减或失效的情况。具体方法是：选用“R×1 k”或“R×100”档，将黑表笔接电容器的正极，红表笔接电容器的负极，若表针摆动大，且返回慢，返回位置接近∞，说明该电容器正常，且电容量大；若表针摆动虽大，但返回时表针显示的Ω值较小，说明该电容漏电流较大；若表针摆动很大，接近于0Ω，且不返回，说明该电容器已击穿；若表针不摆动，则说明该电容器已开路，失效。

该方法也适用于辨别其他类型的电容器。但如果电容器容量较小时，应选择万用表的“R×10 k”档测量。另外，如需要对电容器再一次测量时，必须将其放电后方能进行。

二、普通二极管的识别与测试

普通二极管一般为玻璃封装和塑料封装两种。其外壳上印有型号和标记。标记箭头所指方向为阴极。有的二极管上只有一个色点，有色点的一端为阳极。

也可借用万用表的欧姆档作简单判别。将指针式万用表欧姆档置“R×100”或“R×1 k”处，将红、黑两表笔接触二极管两端，表头有一指示：将红、黑两表笔反过来再次接触二极管两端，表头又将有一指示。若两次指示的阻值相差很大，说明该二极管单向导电性好，且阻值大的那次红表笔所接为二极管的阳极（因万用表的正端（+）红表笔内接电池的负极）；若两次指示的阻值相差很小，说明该二极管已失去单向导电性；若两次指示的阻值均很大，说明该二极管已开路。

三、三极管的识别与简单测试

三极管主要有 NPN 型和 PNP 型两大类。一般，可根据命名法从其管壳上的符号辨别出它的型号和类型。例如，印有 3DG6 表明它是 NPN 型高频小功率硅三极管；印有 3AX31，则表明是 PNP 型低频小功率锗三极管，小功率三极管有金属外壳和塑料外壳封装两种。金属外壳封装的如果管壳上有定位销，则将管底朝上，从定位销起，按顺时针方向，三根电极依次为 e、b、c。如管壳上无定位销，且三根电极在半圆内，将有三根电极的半圆置于上方，按顺时针方向，三根电极依次为 e、b、c。如附图 1（a）所示。塑料外壳封装的，我们面对平面，三根电极置于下方，从左到右，三根电极依次为 e、b、c，如附图 1（b）所示。对于大功率管，外形一般分为 F 型和 G 型两种，如附图 2 所示。F 型管，从外形上只能看到两根电极，将管底朝上，两根电极置于左侧，则上为 e，下为 b，底座为 c。G 型管的三根电极一般在管壳的顶部，将管底朝下，三根电极置于左方，从最下电极起，顺时针方向依次为 e、b、c。也可用万用表初步确定其好坏、类型及 e、b、c 三个极。

1. 先判断基极 b 和三极管类型

将指针式万用表欧姆档置“R × 100”或“R × 1 k”处，先假设三极管的某极为“基极”，并将黑表笔接在假设的基极上，再将红表笔先后接至其余两个电极上，如果两次测得的电阻值都很大（或都很小），而对换表笔后测得两个电阻都很小（或都很大），则可确定假设的基极是正确的。如果两次测得的电阻值是一大一小，则可肯定原假设的基极是错误的，应重设基极，再重复上述的测试。当基极确定以后，将黑表笔接基极，红表笔分别接其他两极。此时，若测得的电阻值都很小，则该三极管为 NPN 型管；反之，则为 PNP 型管。

2. 再判断集电极 c 和发射极 e

以 NPN 型管为例。把指针式万用表黑表笔接到假设的集电极 c 上，红表笔接到假设的发射极 e 上，并且用手捏住 b 和 c 极（不能使 b，c 直接接触），通过人体，相当于在 b，c 之间接入偏置电阻。读出表头所示 c、e 间的电阻值，然后将红、黑两表笔反接重测。若第一次电阻值比第二次小，说明原假设成立，黑表笔所接为三极管集电极 c，红表笔所接为三极管发射极 e。因为 c、e 间的电阻值小正说明通过万用表的电流大，偏置正常。如附图 3 所示。

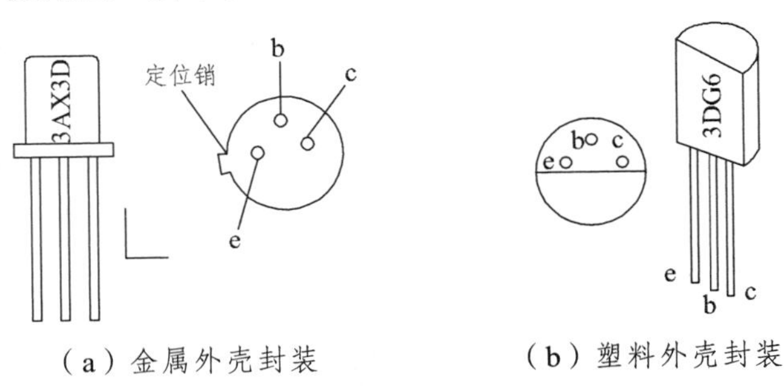

（a）金属外壳封装　　（b）塑料外壳封装

附图 1　半导体三极管电极的识别

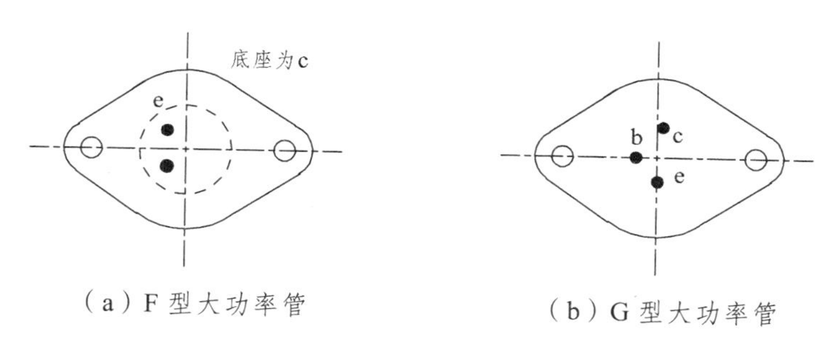

附图2　F型和G型管管脚识别

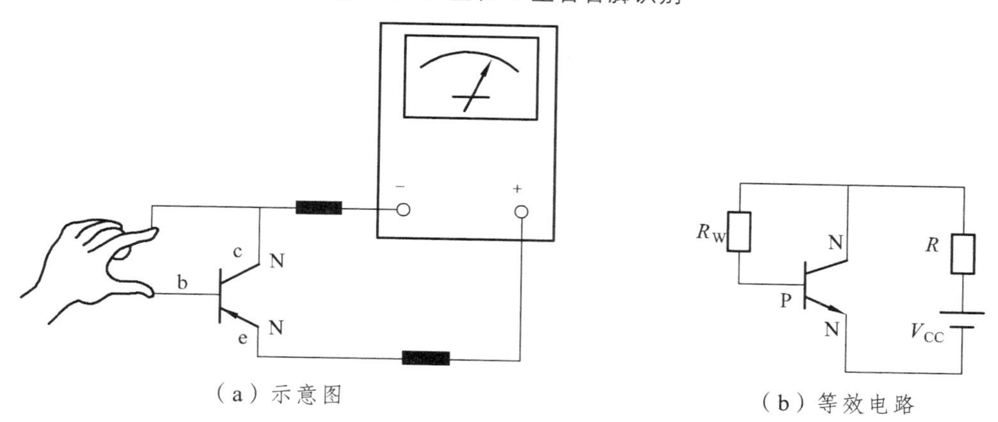

附图3　判别三极管c、e电极的原理图

附录 C　常用实验器件引脚图

1．四 2 输入正与非门 74LS00

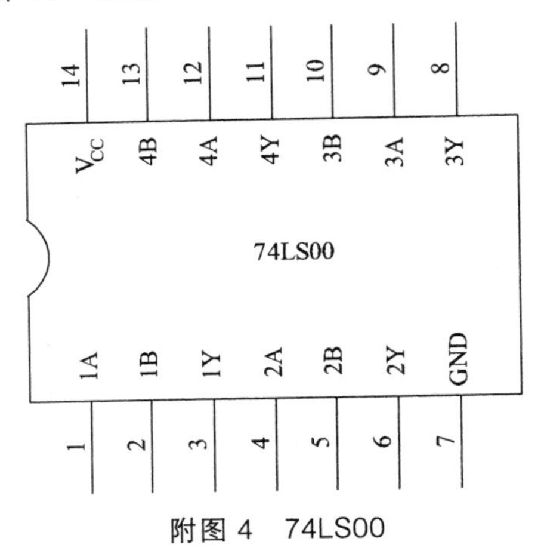

附图 4　74LS00

2．六反相器 74LS04

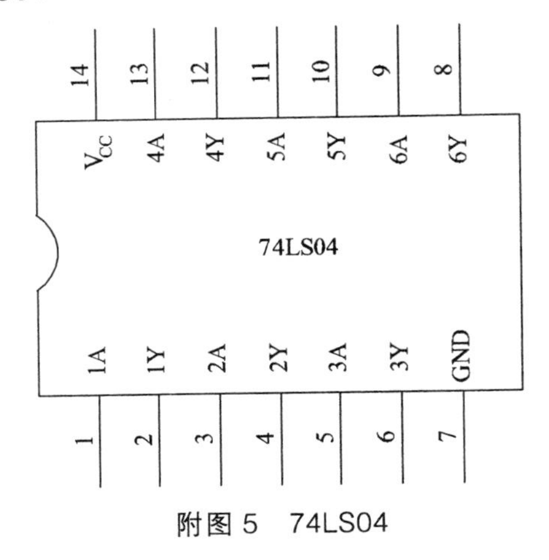

附图 5　74LS04

3. 输入端与非门 74LS20

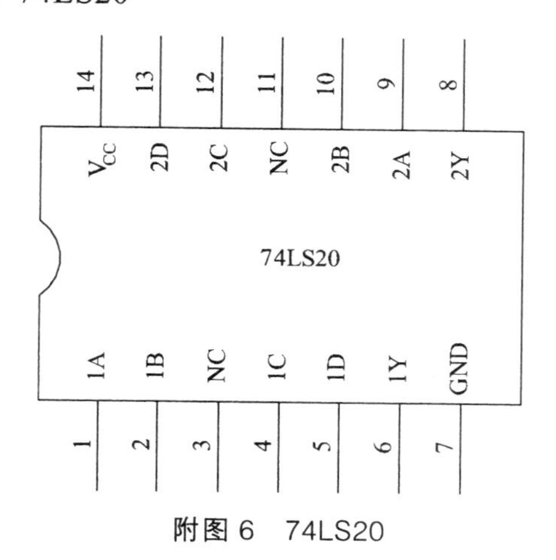

附图 6 74LS20

4. BCD 码-七段码译码器 CD4511

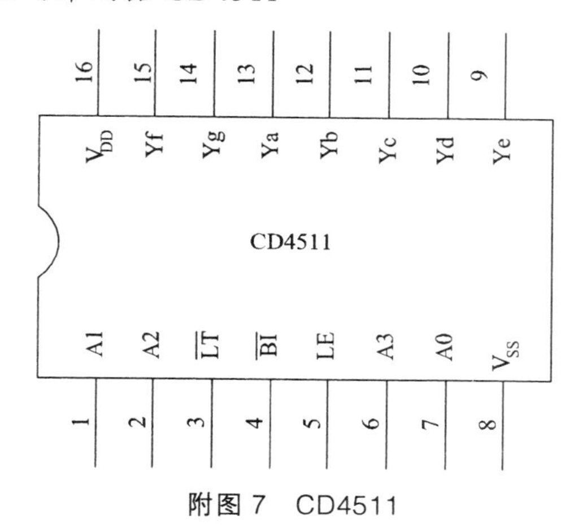

附图 7 CD4511

5. 2-4 线译码器 74LS139

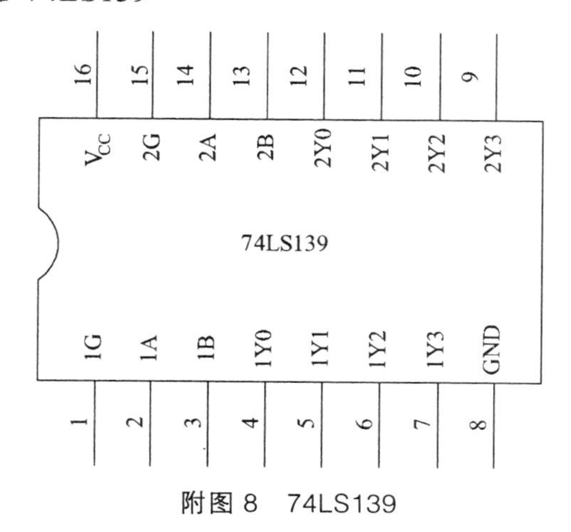

附图 8 74LS139

6. 3-8 线译码器 74LS138

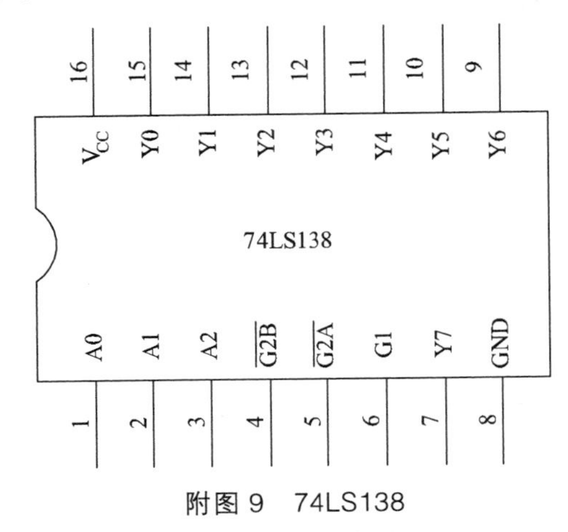

附图 9 74LS138

7. 双 4-1 线数据选择器/多路开关 74LS153

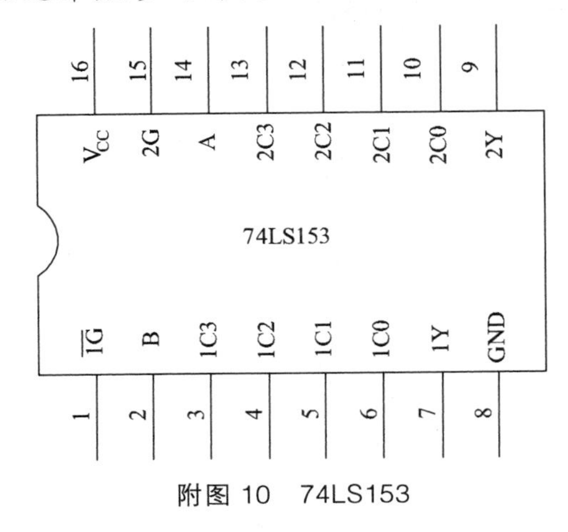

附图 10 74LS153

8. 异步二-五-十进制加法计数器 74LS90

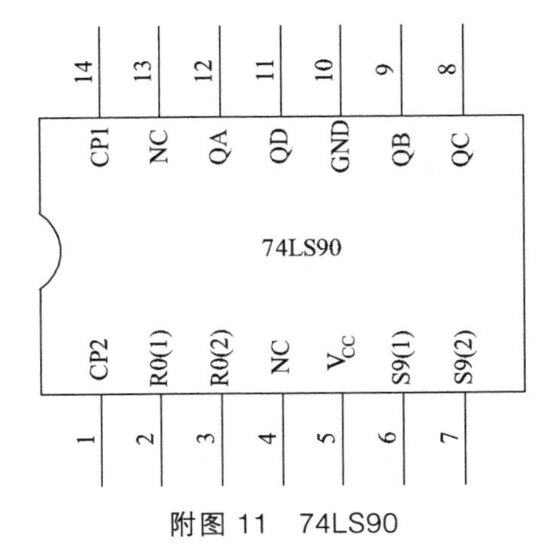

附图 11 74LS90

9. 555 定时器

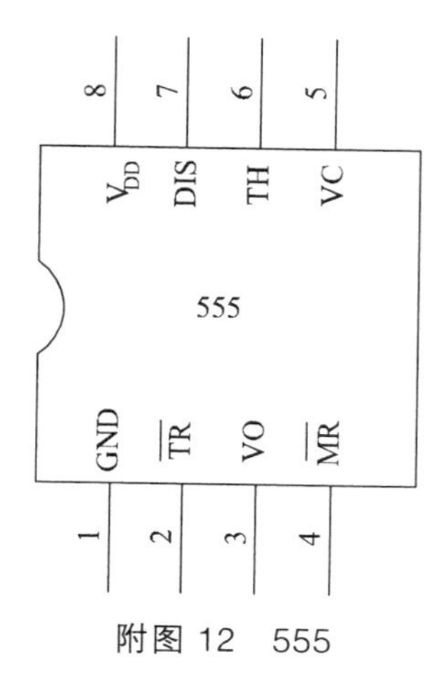

附图 12　555

10. 功率放大器 TDA2030

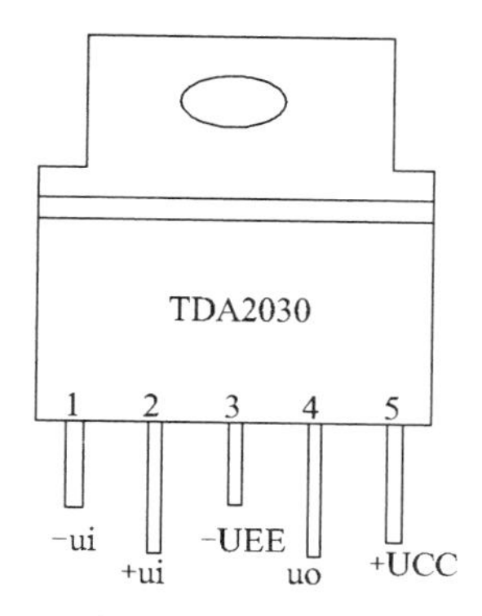

附图 13　TDA2030

11. 三端固定输出集成稳压器

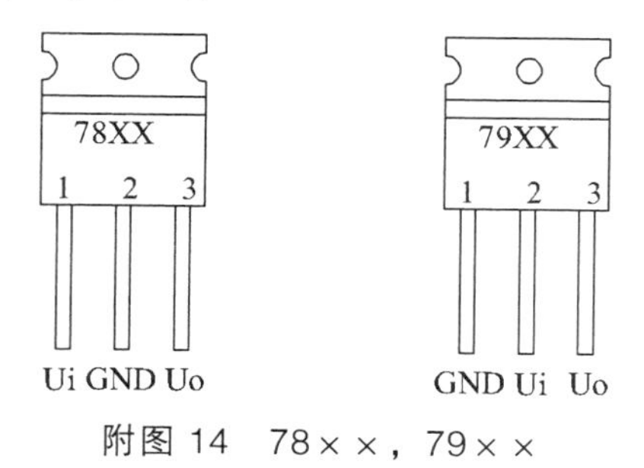

附图 14　78××，79××

参考文献

[1] 黄文娟，陈亮. 电工电子技术项目教程[M]. 北京：机械工业出版社，2013.

[2] 余明辉. 电工电子实验实训[M]. 北京：北京理工大学出版社，2009.

[3] 朱祥贤. 数字电子技术项目教程[M]. 北京：机械工业出版社，2010.

[4] 杨德明. 电工电子技术项目教程[M]. 北京：北京大学出版社，2013.

[5] 张静. 电工与电子技术项目教程[M]. 北京：北京理工大学出版社，2017.

[6] 卢孟常. 电工电子技能实训项目教程[M]. 北京：北京大学出版社，2012.

[7] 杨屏. 电工电子技术实训项目教程[M]. 北京：机械工业出版社，2011.

[8] 许珊. 电工电子技术实训教程[M]. 北京：北京邮电大学出版社,2013.

[9] 沈振乾. 电工电子实训教程[M]. 北京：清华大学出版社,2011.

[10] 张晓宇，陈文卓. 电工电子技术实训教程[M]. 北京：北京交通大学出版社，2016.

[11] 陈红斌. 电工电子实训教程[M]. 西安：西安电子科技大学出版社，2016.

[12] 马克联，于占河. 电工电子技术实训教程[M]. 北京：北京工业出版社，2015.

[13] 殷埝生. 电工电子实训教程[M]. 南京：东南大学出版社，2017.